跟着电网企业劳模学 系列培训教材

变电设备运检基建差异解析

国网浙江省电力有限公司　组编

中国电力出版社
CHINA ELECTRIC POWER PRESS

内 容 提 要

本书是"跟着电网企业劳模学系列培训教材"之《变电设备运检基建差异解析》分册，针对各类变电一次设备，结合变电运检实际工作解析生产基建工艺差异化内容。通过整合各项专业管理规定，剖析生产和基建差异做法的原因，对设计、采购、施工及验收等环节提出明确要求，形成基建生产双边统一做法，为运维管理、检修试验、设计施工等人员在日常工作中提供参考。

本书可供变电设备基建、运行和检修人员学习参考。

图书在版编目（CIP）数据

变电设备运检基建差异解析 / 国网浙江省电力有限公司组编 . —北京：中国电力出版社，2022.6
（2023.3重印）
跟着电网企业劳模学系列培训教材
ISBN 978-7-5198-6619-8

Ⅰ．①变…　Ⅱ．①国…　Ⅲ．①变电所－电气设备－电力系统运行－技术培训－教材②变电所－电气设备－维修－技术培训－教材　Ⅳ．① TM63

中国版本图书馆 CIP 数据核字（2022）第 045400 号

出版发行：中国电力出版社
地　　址：北京市东城区北京站西街 19 号（邮政编码 100005）
网　　址：http://www.cepp.sgcc.com.cn
责任编辑：刘丽平　王蔓莉
责任校对：黄　蓓　王海南
装帧设计：张俊霞　赵姗姗
责任印制：石　雷

印　　刷：三河市万龙印装有限公司
版　　次：2022 年 6 月第一版
印　　次：2023 年 3 月北京第二次印刷
开　　本：710 毫米 ×980 毫米　16 开本
印　　张：11.25
字　　数：159 千字
印　　数：1001—2000 册
定　　价：58.00 元

编 委 会

编 写 组

丛书序

  国网浙江省电力有限公司在国家电网有限公司领导下，以努力超越、追求卓越的企业精神，在建设具有卓越竞争力的世界一流能源互联网企业的征途上砥砺前行。建设一支爱岗敬业、精益专注、创新奉献的员工队伍是实现企业发展目标、践行"人民电业为人民"企业宗旨的必然要求和有力支撑。

  国网浙江公司为充分发挥公司系统各级劳模在培训方面的示范引领作用，基于劳模工作室和劳模创新团队，设立劳模培训工作站，对全公司的优秀青年骨干进行培训。通过严格管理和不断创新发展，劳模培训取得了丰硕成果，成为国网浙江公司培训的一块品牌。劳模工作室成为传播劳模文化、传承劳模精神，培养电力工匠的主阵地。

  为了更好地发扬劳模精神，打造精益求精的工匠品质，国网浙江公司将多年劳模培训积累的经验、成果和绝活，进行提炼总结，编制了"跟着电网企业劳模学系列培训教材"。该丛书的出版，将对劳模培训起到规范和促进作用，以期加强员工操作技能培训和提升供电服务水平，树立企业良好的社会形象。丛书主要体现了以下特点：

  一是专业涵盖全，内容精尖。丛书定位为劳模培训教材，涵盖规划、调度、运检、营销等专业，面向具有一定专业基础的业务骨干人员，内容力求精练、前沿，通过本教材的学习可以迅速提升员工技能水平。

  二是图文并茂，创新展现方式。丛书图文并茂，以图说为主，结合典型案例，将专业知识穿插在案例分析过程中，深入浅出，生动易学。除传统图文外，创新采用二维码链接相关操作视频或动画，激发读者的阅读兴趣，以达到实际、实用、实效的目的。

  三是展示劳模绝活，传承劳模精神。"一名劳模就是一本教科书"，丛书对劳模事迹、绝活进行了介绍，使其成为劳模精神传承、工匠精神传播的载体和平台，鼓励广大员工向劳模学习，人人争做劳模。

丛书既可作为劳模培训教材，也可作为新员工强化培训教材或电网企业员工自学教材。由于编者水平所限，不到之处在所难免，欢迎广大读者批评指正！

最后向付出辛勤劳动的编写人员表示衷心的感谢！

丛书编委会

前　言

　　近年来国家基础建设高速发展，电网建设工程全面铺开，新建变电站数量快速增长，电网日益壮大。然而，由于变电设备基建施工对变电设备安装调试的要求与运检管理对设备运行维护的要求存在诸多不同，即基建与生产施工工艺标准存在差异，导致基建安装环节投入的设备"遗留"了许多不符合设备运检要求的问题，移交生产后需生产运维整改以满足生产要求。这不仅造成人、财、物的浪费，还造成工艺的模糊，使得新建变电站的投产存在着各种问题，给新建变电站运行带来巨大的安全隐患。

　　随着变电站数量逐年增加，上述问题逐渐暴露并日趋明显。为彻底解决传统电力基建管理体制中基建、生产"两层皮"的弊端，以电网工程全寿命周期内公司整体利益最大化为原则，按照有利于技术进步和合理控制工程造价的思路，应全面梳理生产与建设的分歧和差异，有效融合基建生产管理体系，统一生产运维与工程建设工作标准，破解长期以来生产与基建的分歧，做到基建、生产的平稳过渡，无缝对接，推进基建生产标准一体化，确保基建工程安全高效投产。

　　本书针对各类变电一次设备，结合实际案例充分解析基建生产差异化，对历次验收发现的典型问题进行汇总和分析，同时对现行各项专业管理规定进行提炼、整合、优化，在设计、采购、施工及验收等环节明确要求，形成基建和生产双边统一做法，消除基建和生产的差异化。本书从理论到实际全方位贴近工作需求，具有内容翔实、理论解析到位、实用性高、针对性强等特点，不但将运检专业要求提前纳入基建工程，而且完善了基建验收依据，切实推进基建和生产标准一体化的实施推广。

　　本书在编写过程中得到许多领导和同事的支持和帮助，同时也参考了许多有价值的专业书籍，为本书的编写提供了诸多指导，使内容有了较大改进，在此表示衷心感谢。由于作者水平所限，书中难免有不妥或疏漏之处，敬请读者批评指正。

编　者

2022 年 5 月

目　录

以匠心守初心　履职尽责显担当

————记国家电网公司劳动模范吕朝晖

吕朝晖

　　干一行爱一行，一心扑在工作上，他业务精益求精，干事就敬业业，各项工作想在前、干在前，以高度的责任感和饱满的工作热情奋战在一线，用汗水在自己的岗位上书写精彩画卷，用成绩绽放出胸前党徽上的熠熠光芒。他，就是国家电网公司劳动模范吕朝晖。

　　吕朝晖，国网金华供电公司副总工程师、高级工程师、高级技师。先后担任变电检修班组技术员、班长、检修工区生产调度、技术组组长、副主任、主任等职务，工作三十余载，他虚心好学，恪尽职守，在本职岗位上取得了突出成绩。他任劳任怨开拓进取的实干精神催人奋进，先后获得国家电网公司劳动模范、国家电网公司优秀技能专家人才、金华市直机关工委优秀共产党员等荣誉，受聘为首届省电力公司内训师、省电力公司培训中心浙西分中心外聘教师。他研制开发的"变压器压力释放阀防雨罩"等18项成果取得国家专利并在电力系统的实际应用中取得显著成效，主持的QC课题多次获得全国QC成果一、二等奖，主持的群创项目"主变非电量保护装置优化研究"获浙江省电力公司群众性科技创新优秀成果。他敬业爱岗、攻坚破难的创新精神受人尊崇，在各类技术刊物上共发表专业技术论文7篇，其中独立撰写的管理论文《变电设备状态检修管理现状分析》在《中国电力企业管理》期刊上发表,并荣获"浙江电力优秀管理论文"大赛一等奖,撰写的"变电站运行与检修技术丛书"获浙江省电力公司教育培训开发成果一等奖。撰写并出版《110kV变压器及有载分接开关检修技术》《110kV变电站电气设备检修技术》等专业书籍。

三十余年如一日,吕朝晖用雷厉风行的作风,勇于担当的精神,率先垂范的行动,诠释了电力人"人民电业为人民"的初心使命。

项目一

断路器运检与基建工法差异解析

» 【项目描述】

断路器是指能够关合、承载和开断电流的开关装置。电力系统中的断路器一般指的是高压断路器，它不仅可以切断或闭合高压电路中的空载电流和负荷电流，还可以在系统发生故障时通过继电器保护装置的作用，切断过负荷电流和短路电流，它具有相当完善的灭弧结构和足够的断流能力。

断路器的生产工艺已经较为成熟，在生产和基建中的工艺差异不大。差异主要集中于 SF_6 密度继电器、防水、接地和部分试验项目。

任务一　SF_6 密 度 继 电 器

» 【任务描述】

SF_6 密度继电器是监测断路器内部 SF_6 气体密度的重要元件。SF_6 气体密度对断路器的电气绝缘强度、灭弧性能和导热能力起着重要作用。本任务主要讲解 SF_6 密度继电器运行环境、结构特点等方面在运检与基建工艺上的差异化内容。

» 【技术要领】

一、SF_6 密度继电器与设备本体之间的连接方式应满足不拆卸校验密度继电器的要求

（一）差异内容

"不拆卸校验密度继电器"是指不需要将密度继电器从断路器本体上拆除，便可校验密度继电器的指示和动作功能。《国家电网有限公司十八项电网重大反事故措施（2018 年修订版）及编制说明》（以下简称《十八项反事故措施》）第 12.1.1.3.1 条规定："密度继电器与开关设备本体之间的连接方式应满足不拆卸校验密度继电器的要求"，但部分断路器制造厂的 SF_6

密度继电器与开关设备本体之间直接相连或采用其他连接方式，但不满足不拆卸校验密度继电器的要求。

（二）分析解释

在 SF_6 断路器中，SF_6 气体是断路器的灭弧和绝缘介质，SF_6 气体密度不随温度变化而变化，是保证断路器能够正常工作的重要参数。若气体密度因故降低，将会导致断路器绝缘和灭弧性能下降，无法熄灭电弧，严重时甚至发生爆炸，因此实时监控断路器的 SF_6 气体密度十分重要。监控 SF_6 气体密度依靠密度继电器，它能够直接反应断路器本体内部 SF_6 气体的密度，并通过接入信号和控制回路，在气体密度降低时发出告警或闭锁控制回路，因此对密度继电器的指示和动作精确性要求非常高，密度继电器功能校验必须作为一项常规工作来开展。

密度继电器的功能校验需要校验密度继电器在指定密度下的动作情况，但因为密度继电器工作时与本体相连，若仅为了校验密度继电器功能而降低断路器本体整个气体系统的气体密度，则成本过大，因此必须有仅校验密度继电器而不影响断路器本体气体密度的手段。

密度继电器和断路器本体的连接方法主要有三种。第一种是密度继电器直接连接在断路器本体上，密度与本体始终保持相同，密度继电器校验时需要将其拆卸下来进行，第二种、第三种均在密度继电器与本体之间接入一个三通阀。第二种结构的三通阀除了连接本体与密度继电器外，还提供一个带有逆止功能的充气/校验气管接口，正常运行时三通阀仅连通密度继电器和断路器本体，接入充气接头时，三通阀连通密度继电器和断路器本体及气管接口，能够为断路器充气；接入校验接头时，三通阀仅连通密度继电器与气管接口，不连通断路器本体，因此能够在不影响断路器本体密度的情况下校验密度继电器的功能。第三种结构的三通阀有一个开关阀门，正常运行或补气时打开，校验功能时关闭。第二和第三种结构的三通阀见图 1-1。

在上述三种结构中，第一种结构需要拆卸密度继电器，反复拆卸可能造成密度继电器密封不良、气体泄漏等问题发生。为了尽量减少校验工作

(a) 使用充气接头切换三通功能

(b) 使用开关旋钮切换三通功能

图 1-1　不同结构的三通阀

带来的负面影响，新投运的断路器均应采用带有三通阀的结构或采用其他可靠结构，从而具备"不拆卸校验密度继电器"功能。

（三）优化措施

在设计联络会或厂内验收时若发现设备不具备该功能，应强制制造厂执行此规定，加装三通阀或者气路开关，从而使断路器具备"不拆卸校验密度继电器"功能。

二、户外 SF₆ 密度继电器应有满足要求的防雨罩

（一）差异内容

《十八项反事故措施》第 12.1.1.3.4 条规定："户外断路器应采取防止密度继电器二次接头受潮的防雨措施"。但部分断路器制造厂的 SF₆ 密度继电器运行在户外，却没有防雨罩或者防雨罩不能把密度继电器和控制电缆接线端子一并放入，见图 1-2。

（二）分析解释

密度继电器是断路器的重要部件，它能够在气体密度降低时发出告警，或在密度继续下降后闭锁控制回路，因此密度继电器的指示和动作精确性要求非常高。若密度继电器没有防雨罩却长期运行在户外，会有以下影响：

（1）密度继电器结构较为复杂，其内部波纹管、C 形管、微动开关等

图 1-2　密度继电器无防雨罩

均是精度要求很高的零件，因此受环境的影响也会较大。这些零件若长期受到高湿度、雨水的腐蚀，导致它们的配合精度下降，不能正确告警和闭锁，影响密度继电器的功能。

（2）密度继电器内部气压很高，管路接头和密封圈等在雨水和阳光直射下老化后，可能出现漏气情况，而密度继电器漏气只能通过更换来解决。更换需要将断路器停电，影响电力系统的可靠性，严重的漏气还可能导致断路器绝缘能力降低、断路器放电或爆炸。

（3）微动开关、接线端子等组成的控制回路在水分的作用下绝缘能力降低，导致频发误告警、误闭锁，尤其在梅雨季节，这种情况较为多发。

因此，为了减少户外雨水对密度继电器的影响，需要使用防雨罩将密度继电器罩在其中，同时为了防止二次回路受潮，需要将密度继电器和控制电缆接线端子一并放入防雨罩。

（三）优化措施

若户外运行断路器的密度继电器没有防雨罩或者防雨罩不满足要求，应加装防雨罩，并能把密度继电器和控制电缆接线端子一并放入，见图 1-3。

5

图 1-3 密度继电器加装防雨罩

三、投运前 SF₆ 气体压力（密度）应调至额定位置

（一）差异内容

投运前 SF₆ 气体压力（密度）应调至额定位置。但基建工程中对断路器 SF₆ 气体压力（密度）的设置往往较为随意，不严格按额定值给断路器充气，而是将压力充到比额定值略高 0.01～0.02MPa。

（二）分析解释

基建工程中，由于是对新建设备第一次充气，出于测试漏气和后期取气试验等气体消耗因素的考虑，充气往往比额定值要高一些，而大多数人认为气体压力略微偏高对运行的影响并不大，因此在投运前多数设备气体压力略微偏高，基建单位不会将气体压力调至额定值，但实际上气体压力比额定值高存在以下弊端：

（1）压力过高会影响断路器运行。断路器气室是按照额定压力和设计温度来设计的，例如某断路器设计最高使用环境温度为 50℃，20℃时额定压力为 0.7MPa，最高运行压力 0.8MPa。若超过 20℃时的额定压力，假设此时环境温度达到 50℃，实际压力将达到 0.79MPa，接近工作最高压力 0.8MPa，不利于断路器的运行。

（2）随意设置充气压力不利于监控气体泄漏率。通过巡视可以计算气体的年泄漏率，从而验证气室的密封水平。若气体压力设置过高，巡视时难以在第一时间发现气体下降。

因此，需要在投运前将断路器气体压力调整至额定压力。

（三）优化措施

在投运前将断路器气体压力调整至额定压力。

四、SF_6 密度继电器与其指示的断路器本体运行环境应相同

（一）差异内容

为了保证密度继电器动作的精确性，SF_6 密度继电器（压力表）与其指示的断路器本体运行环境应相同。《十八项反事故措施》第 12.1.1.3.2 条规定："密度继电器应装设在与被监测气室处于同一运行环境温度的位置"。但部分断路器制造厂的 SF_6 密度继电器（压力表）与断路器设备本体运行在不同环境下，有的断路器设备本体运行在户外，而密度继电器运行在机构箱内，导致两者的运行温度不同，见图 1-4。

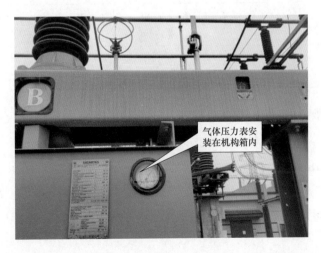

图 1-4　密度继电器（压力表）位于加热器的机构箱内，与断路器本体环境不一致

（二）分析解释

相对于压力继电器，密度继电器则有不受温度影响、准确指示 SF_6 密度等优点。不同型号密度继电器的工作原理不尽相同，但都基于气体压力，再通过温度补偿或基准压力对比的方法来消除温度的影响，从而直接指示气体密度。基于此原理，气体密度一般用 20℃ 的气体压力来表示。

若密度继电器的运行温度与其指示的断路器气室温度不同，温度补偿量或基准压力值就会发生偏差，造成密度指示不准确，无法正确告警和闭锁。如表 1-1 所示，冬季断路器本体的环境温度为 0℃，机构箱内密度继电器的温度为 20℃，密度继电器告警整定值为 0.6MPa（20℃），若此时发生告警并指示 0.6MPa，根据温度换算，断路器本体气体密度为 0.64MPa（20℃），告警为误发信；同样的，若安装密度继电器的机构箱内温度较低，夏季断路器本体的环境温度为 40℃，机构箱内密度继电器的温度为 20℃，那么当断路器实际密度为 0.60MPa（20℃）时，密度继电器指示为 0.64MPa，告警拒动。

表 1-1　　　　　　　　密度继电器无法正确告警和闭锁情况示例

运行温度差异情况	补偿情况	告警密度	发出告警时密度 （换算后实际值）	后果
密度继电器 20℃ 断路器温度 0℃	过补偿	0.6MPa （20℃）	0.644MPa （20℃）	误告警
密度继电器 20℃ 断路器温度 40℃	欠补偿	0.6MPa （20℃）	0.562MPa （20℃）	拒告警

为了确保密度继电器动作精确，新投运的断路器应使密度继电器所处环境温度与本体内气体温度尽可能保持一致。

（三）优化措施

在设计联络会或厂内验收时若发现断路器不满足该条件，应强制制造厂执行此规定，使密度继电器（压力表）与断路器本体运行温度保持一致，见图 1-5。

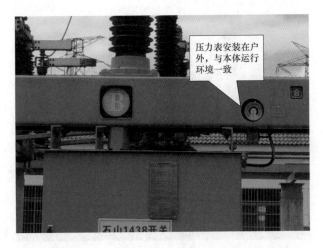

图 1-5　密度继电器（压力表）运行环境与断路器本体环境一致

任务二　断 路 器 机 构

≫【任务描述】

断路器操动机构的工作性能和质量的优劣，直接影响到断路器的工作性能和可靠性。而断路器的动作可靠性与其内部各个部件的性能及其运行环境密不可分。本任务主要讲解断路器机构运行环境、性能要求等方面在运检与基建工艺上的差异化内容。

≫【技术要领】

一、断路器机构高度应设置合理

（一）差异内容

断路器机构的高度应设置合理。但某些变电站在设计建设时，断路器机构箱的高度过高，见图 1-6。运维检修人员站在地面难以打开机构箱巡视观察和检修。

（二）分析解释

断路器投运后，为了确保其运行可靠，需要定期进行巡视，巡视时需

图 1-6　机构箱位置过高，不利于巡视检修

要打开断路器机构观察内部继电器、电机、液压油路、接线端子等，若机构箱位置太高，将会引发不便，增大巡视时的风险。同样，机构箱位置过高还会给检修工作带来不便。因此，需要合理设置机构箱位置。

（三）优化措施

调整机构箱位置使其便于检修巡视，由于基础等原因无法调整机构箱位置时，可在机构箱前设置带踏步的操作平台，见图 1-7。

图 1-7　设置带踏步的平台，方便巡视机构箱

二、断路器二次电缆护管结构应不易积水

（一）差异内容

断路器的二次电缆外部若套有金属护管，电缆护管的结构应不易积水。而部分电缆护管的最低处容易积水，积水容易引发各种问题。

（二）分析解释

电缆护管的积水问题在投运后短期内不会暴露出来，但随着运行时间的推移，电缆长期浸泡在水分中，水分又会带来细菌的滋生。若电缆外皮有细微损伤，将造成电缆外皮的腐蚀，最后造成电缆绝缘下降，引发断路器故障，严重时甚至会发生误动，引发停电事故，因此需要避免二次电缆护管的积水。如图 1-8 所示，积水容易顺着二次电缆护管进入机构内部。

图 1-8　积水顺着二次护管进入机构

（三）优化措施

在二次电缆护管最低处设置排水孔，防止积水。

三、断路器二次电缆屏蔽层接地应符合规范

（一）差异内容

断路器二次电缆接地应符合规范。但部分基建工程中断路器二次电缆接地不符合规范，存在在机构箱内接地（见图 1-9）、接地线过细等问题。

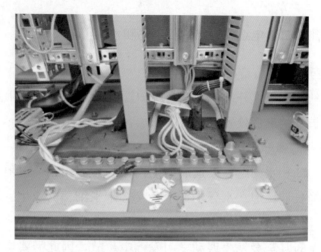

图 1-9　断路器二次电缆在机构箱内接地

（二）分析解释

断路器二次电缆接地应符合规范，《十八项反事故措施》第 15.6.2.8 条规定："由一次设备（如变压器、断路器、隔离开关和电流、电压互感器等）直接引出的二次电缆的屏蔽层应使用截面不小于 $4mm^2$ 的多股铜质软导线仅在就地端子箱处一点接地，在一次设备的接线盒（箱）处不接地，二次电缆经金属管从一次设备的接线盒（箱）引至电缆沟，并将金属管的上端与一次设备的底座或金属外壳良好焊接，金属管另一端应在距一次设备 3～5m 之外与主接地网焊接"。

（三）优化措施

由断路器直接引出的二次电缆的屏蔽层应使用截面不小于 $4mm^2$ 的多股铜质软导线，且不得在设备机构箱内接地，如图 1-10（a）所示，仅在就地端子箱处一点接地，如图 1-10（b）所示。

四、合闸控制回路中应串联储能辅助开关

（一）差异内容

断路器在合闸控制回路中应串联储能辅助开关。但部分型号的断路器在合闸控制回路中串联了储能中间继电器，而不是直接串联储能辅助开关，见图 1-11。

(a) 电缆在机构箱内不接地

(b) 端子箱内电缆接地

图 1-10 二次电缆在机构箱内不接地，在端子箱内接地

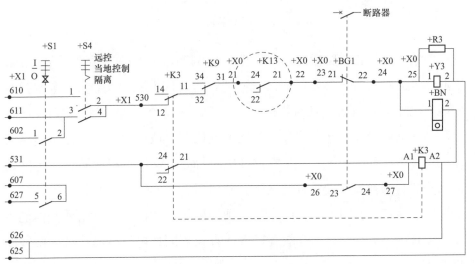

图 1-11 在储能回路汇总串联储能继电器 K13

S1—就地分合把手；S4—远方/就地切换开关；K3—防跳继电器；K9—SF$_6$ 密度中间继电器；
K13—储能继电器；BG1—辅助开关；Y3—合闸线圈

（二）分析解释

断路器合闸操作需要在储能完成后再进行，为了达到这一功能需要在合闸控制回路中串联一个储能接点，一般直接串联储能辅助开关（微动开关），但也有的断路器串联储能中间继电器。但在实际运行中，中间继电器的故障率较高，多次烧毁线圈，引发控制回路断线，造成断路器拒动。为

13

了提高断路器的运行可靠性，应考虑更改设计取消储能中间继电器。

某断路器 A 相储能电机控制回路如图 1-12 所示。S16LA 为 A 相储能行程接点，当断路器合闸弹簧储能电机正常后其动断接点断开；K67 为合闸弹簧储能时间继电器，整定值为 30s，若回路接通断路器储能电机工作 30s 后断路器储能仍不正常，则 K67 励磁，其动断接点断开断路器储能电机主回路，同时向监控系统发"开关储能电机运行超时"故障报警；K9LA 为 A 相储能继电器。

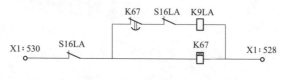

图 1-12　A 相储能电机控制回路

由于该厂线路断路器的合闸弹簧储能电机控制回路采用的是直流电源，因此该电源投入后，只要断路器未储能正常（即 S16LA 接通），合闸弹簧储能继电器 K67 即开始计时，达 30s 后无论断路器储能是否正常，K67 均励磁，其动断接点断开合闸弹簧储能控制回路。该控制回路虽然在断路器储能过程中实现了闭锁，但是在储能电机烧毁、储能电机运转超时等造成的断路器合闸弹簧储能异常情况下，断路器合闸回路并没有相关闭锁合闸的回路或接点，此时下达合闸令后合闸回路是接通的，但合闸弹簧储能不正常，合闸不成功，合闸线圈 Y1LA 一直长时间通电，极易造成合闸线圈烧毁。

出现该问题的原因是储能继电器只能反映储能电机是否在动作，但电机不动作时并不代表机构已经储能到位，一些特殊情况例如储能超时、储能电机烧坏、储能弹簧卡涩等都将引起储能继电器失电，导致合闸控制回路接通。因此，需要直接在控制回路中串联储能行程开关或辅助开关，行程开关或辅助开关在断路器储能完毕后才动作，能够直接反映机构的储能位置。只要行程开关或辅助开关动作，那么机构一定处于储能完成状态，此时合闸回路接通，断路器可以顺利合闸。

（三）优化措施

在设计阶段取消储能中间继电器的设计，在合闸控制回路中直接串联储能辅助开关（微动开关），见图 1-13。

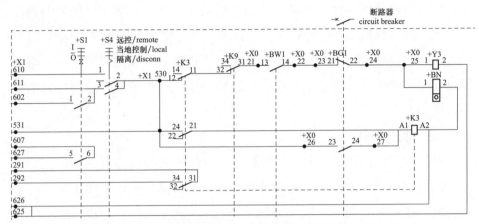

图 1-13 直接在合闸回路中串联储能行程开关 BW1

S1—就地分合把手；S4—远方/就地切换开关；K3—防跳继电器；K9—SF₆ 密度中间继电器；

BW1—储能行程开关；BG1—辅助开关；Y3—合闸线圈

任务三 断路器试验

【任务描述】

高压断路器在运行中用于接通高压电路和断开负载，在发生事故的情况下用于切断故障电流，必要时进行重合闸。它的绝缘性能和机械性能直接影响电力系统的安全可靠运行。本任务主要讲解断路器试验方面在运检与基建工艺上的差异化内容。

【技术要领】

一、施工单位应提供断路器中绝缘件的局部放电试验报告

（一）差异内容

施工单位应提供断路器中绝缘件的局部放电试验报告。但有些断路器

15

出厂未能提供绝缘操作杆、支撑绝缘子等单个绝缘件的局部放电试验报告。

（二）分析解释

有些制造标准中对断路器单个绝缘件的局部放电试验并无要求，但由于断路器的内部绝缘件部分可能由制造厂从外部购入，对于这些外购绝缘件的绝缘性能制造厂不能提供可靠性保障，为了保证断路器的运行可靠性，《十八项反事故措施》第 12.1.1.1 条规定"断路器本体内部的绝缘件必须经过局部放电试验方可装配，要求在试验电压下单个绝缘件的局部放电量不大于 3pC"。

（三）优化措施

向制造厂提出要求，SF_6 断路器设备内部的绝缘操作杆、支撑绝缘子等部件必须经过局部放电试验方可装配，要求在试验电压下单个绝缘件的局部放电量不大于 3pC，并提供试验报告。

二、施工单位应对新充入 SF_6 气体进行纯度检测

（一）差异内容

施工单位应对新充入的 SF_6 气体进行纯度检测。《十八项反事故措施》第 12.1.2.4 条规定："SF_6 气体注入设备后应对设备内气体进行 SF_6 纯度检测。对于使用 SF_6 混合气体的设备，应测量混合气体的比例"，但部分施工单位未进行测量。

（二）分析解释

湿度和纯度是 SF_6 气体的重要参数，它们直接决定 SF_6 气体的绝缘和灭弧能力，气体在充气过程中有多个可能受潮和混入其他气体的环节，因此对新充入的 SF_6 气体进行纯度检测十分重要。某些施工单位仅仅进行湿度检测而不进行纯度检测是不符合规定的。

（三）优化措施

向施工单位提出要求，SF_6 气体注入设备后必须进行湿度试验（见图 1-14），且应对设备内气体进行 SF_6 纯度检测，必要时进行气体成分分析，并提供湿度和纯度的检测报告（见图 1-15）。

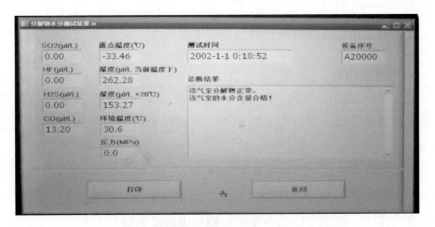

图 1-14 水分分析

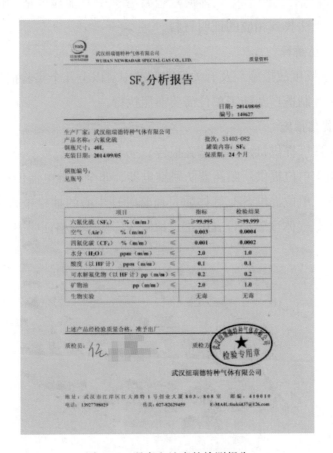

图 1-15 湿度和纯度的检测报告

三、施工单位应提供完整的断路器试验报告

（一）差异内容

施工单位应提供完整的断路器试验报告。部分施工单位虽然已经完成试验，但提供的试验报告不完整，不完整的试验报告主要体现在以下几个方面：

（1）制造厂未提供机械操作试验报告。

（2）新断路器安装过程中已对其二次回路中的防跳继电器、非全相继电器进行传动，但是在档案中无法找到相应的证明材料。

（3）SF_6 气体已经 SF_6 气体质量监督管理中心抽检合格，但是部分设备在档案中无法找到相应的证明材料。

（二）分析解释

《十八项反事故措施》及有关行业标准中对以上几个实验报告的提供都有相应规定，制造厂及施工单位需要参照执行。

（三）优化措施

（1）制造厂提供机械操作试验报告。

（2）施工单位提供新断路器防跳继电器、非全相继电器传动试验报告。

（3）施工单位提供 SF_6 气体质量监督管理中心的抽检报告，若提供单台间隔的 SF_6 气体试验报告有困难，请制造厂提供合格证明书。

项目二

组合电器运检与基建工法差异解析

≫【项目描述】

组合电器也称封闭式组合电器，是由断路器、母线、隔离开关、电压互感器、电流互感器、避雷器等高压电器组合并全部封装在接地的金属壳体内，且壳内充以一定压力的 SF_6 气体作为相间及对地绝缘的一种金属封闭式开关设备。与常规的敞开式高压电器设备相比，组合电器具有结构紧凑、占地面积小、可靠性和安全性高、环境适应能力强、检修周期长等优点。

组合电器广泛使用的时间并不长，其制造和安装技术一直在更新。为确保组合电器运行安全稳定，在结构设计、选材、试验等方面有相应的要求，本项目通过解析组合电器在基建生产方面的差异条目，使基建、运行、检修人员掌握组合电器建设与运检的关键要求。

任务一 组合电器运输

≫【任务描述】

基于组合电器的结构特点，必须对其生产、运输、运行维护过程中进行严格的监测、检查、维护、试验等，及时发现异常，提高组合电器在全生命周期内的安全运行水平。

≫【技术要领】

运输过程中断路器、隔离开关、电流互感器、电压互感器及避雷器气室应安装三维冲撞记录仪

（一）差异内容

《十八项反事故措施》第 12.2.2.1 条规定："GIS 出厂运输时，应在断路器、隔离开关、电压互感器、避雷器和 363kV 及以上套管运输单元上加装三维冲撞记录仪，其他运输单元加装震动指示器。运输中如出现冲击加速度大于 $3g$ 或不满足产品技术文件要求的情况，产品运至现场后应打开相

应隔室检查各部件是否完好，必要时可增加试验项目或返厂处理"，但部分制造厂为了节约成本少装或者漏装三维冲撞记录仪。

（二）分析解释

组合电器是充气设备，其内部结构精密，绝缘距离小，对内部元器件的质量要求极高，运输过程中路况复杂难免发生颠簸震动，若颠簸严重会使设备受到过大冲击，其结构可能会发生破坏，使设备不可靠，投运后引发事故。由于交接试验比出厂试验减少了若干项目，若运输中设备受到过大冲击，在交接试验中可能不易发现，在投运后才慢慢呈现出来，因此需要确保设备在运输中不受到过大冲击。

组合电器中，断路器气室需要灭弧，微小的漂浮物或者导电尖端都将引发故障，隔离开关内的运动部件也容易受到影响，电流互感器、电压互感器及避雷器气室内的绝缘件、线圈对震动十分敏感，因此应在断路器、隔离开关、电流互感器、电压互感器及避雷器气室安装三维冲撞记录仪。图 2-1 所示为三维冲撞记录仪记录的波形。

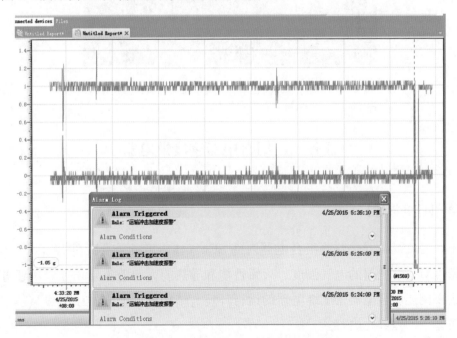

图 2-1　三维冲撞记录仪记录的波形

（三）优化措施

应在设计联络会和出厂验收中指明，在运输过程中断路器、隔离开关、电流互感器、电压互感器及避雷器气室应安装三维冲撞记录仪（见图 2-2），如果在运输和装卸过程出现冲击加速度大于产品技术文件要求时，特别是对内部有支持绝缘件的气室，应考虑打开检查绝缘件是否完好；对于承受过冲击的断路器和隔离开关气室，应在现场耐压试验过程中补充进行断口耐压试验。

图 2-2 运输和装卸前在组合电器上安装三维冲撞记录仪

任务二 组合电器密度继电器

≫【任务描述】

密度继电器是监测组合电器内部 SF_6 气体密度的重要元件。SF_6 气体密度对组合电器的电气强度、灭弧性能和导热能力起着重要作业。本任务主要阐述组合电器密度继电器的运行环境、结构特点等方面在运检与基建工艺上的差异化内容。

》【技术要领】

一、密度继电器应装设在与组合电器气室处于同一运行环境温度的位置

（一）差异内容

《十八项反事故措施》第 12.1.1.3.2 条规定："密度继电器应装设在与被监测气室处于同一运行环境温度的位置"。但部分制造厂将密度继电器安装在带有加热器的汇控柜或机构箱内，导致密度继电器与被监测气室处于不同环境温度下运行。

（二）分析解释

密度继电器是组合电器不可缺少的重要附件，其基本作用是对运行中的组合电器的 SF_6 气体密封状况、是否存在漏气现象进行监视，它能够在气体密度降低时发出告警，或在密度继续下降后闭锁控制回路，因此密度继电器的指示和动作精确性要求非常高。若密度继电器与被监测气室处于不同运行环境温度下，会有以下影响：

（1）密度继电器的气体密封状况监视功能得不到保障。通常在密闭情况下，SF_6 气体的压力随温度变化而变化，而密度继电器的温度补偿功能保证其始终显示气温 20℃时的刻度值，确保巡视时及时发现并确认组合电器气室发生漏气或气密性出现变化的情况。当密度继电器与组合电器气室处于不同运行环境温度时，温度补偿功能将失去意义，无法保证准确监视组合电器的气体密封状况。

（2）密度继电器的控制和保护功能得不到保障。密度继电器除了监视组合电器的气体密封状况外，还能在气体密度发生变化时发出告警信号。当密度继电器与组合电器气室处于不同运行环境温度时，密度继电器会发生温度过补偿或欠补偿情况，造成密度指示不准确，无法正确告警和闭锁，容易发生误动和拒动。

因此，密度继电器与组合电器的气室应装设在同一运行环境温度的位置。

（三）优化措施

在设计联络会或工厂验收时，如发现组合电器不满足《十八项反事

故措施》第 12.1.1.3.2 条的规定时，应强制制造厂执行此规定，以保证密度继电器装设在与组合电器气室处于同一运行环境温度的位置，如图 2-3 所示。

图 2-3　密度继电器与本体同环境

二、分相设置的组合电器设备，每相应设置独立的密度继电器

（一）差异内容

《十八项反事故措施》第 12.2.1.2.3 条规定："三相分相的 GIS 母线及断路器气室，禁止采用管路连接。独立气室应安装单独的密度继电器，密度继电器表计应朝向巡视通道"。但部分制造厂的三相气室共用密度继电器。

（二）分析解释

组合电器在内部放电或开断故障电流时，SF_6 气体会产生多种分解产物，三相共用密度继电器相当于三相连通，在发生单相故障时故障气体会通过连接管路进入其他两相，导致其他两相也必须进行试验或检修，大大增加了现场气体处理的工作量。同时，在发生气体泄漏时，如果三相共用密度继电器则不易判断泄漏点位置。因此，分相设置的组合电器设备，每相应设置独立的密度继电器。

（三）优化措施

在召开设计联络会时向厂家提出要求，分相设置的组合电器设备，每相应设置独立的密度继电器，如图 2-4 所示。

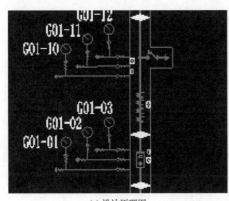

(a) 设计原理图　　　　　　　　　　　(b) 现场实物图

图 2-4　三相气室每相设置独立的密度继电器

任务三　组合电器的操动机构

【任务描述】

操动机构是组合电器内部操作高压断路器、高压负荷开关及高压隔离开关的电气控制设备。操动机构的操动动力一般来自电气储能，然后将其转变为电磁力、弹簧力、气体或液体压力等，以实现断路器操作。组合电器由于其绝缘密封且高度集成的特性，操动机构应利于组合电器的维护、检修及安全稳定运行。

【技术要领】

一、同一间隔内多台隔离开关电机电源应设置独立开断设备

（一）差异内容

同一间隔内多台隔离开关电机电源应设置独立开断设备，例如，同一

个间隔的母线隔离开关、线路隔离开关、线路接地开关、开关母线侧接地开关等的电机电源空气开关应该分开设置。但部分制造厂同个间隔内的隔离开关共用一个电源空气开关，如图 2-5 所示。

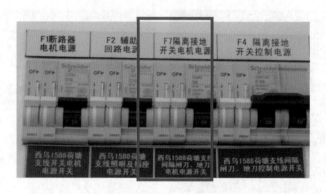

图 2-5　所有隔离开关的电机共用一个空气开关

（二）分析解释

同一间隔内多台隔离开关电机电源应设置独立开断设备出于两个考虑：

（1）减小故障影响考虑。一台隔离开关故障短路后跳开空气开关，同间隔内的其他隔离开关应不受影响，能够操作。若共用一个空气开关，一台隔离开关断路后整个间隔内的其他隔离开关也不能操作，扩大了故障的影响。

（2）检修中防误操作安全考虑。停电检修中，同间隔的所有隔离开关不同时停役，而组合电器的接线方式不直观，在检修停电隔离开关时容易误操作运行中的隔离开关。如果将电机电源分开设置，在检修中就可以将运行中的隔离开关的电机电源断开，降低了误操作的可能性。

出于以上考虑，同一间隔内多台隔离开关电机电源分别设置独立开断设备，采用点对点供电。

（三）优化措施

在召开设计联络会时向制造厂提出要求，确保同一间隔内多台隔离开关电机电源设置独立开断设备，如图 2-6 所示。

图 2-6　每个隔离开关设置独立空气开关

二、组合电器的分合闸、储能等指示应采用中文标识，接地开关引出端应有明显的相位标识

（一）差异内容

组合电器的断路器、隔离开关、接地开关等分合闸指示、储能指示应采用中文标识。如图 2-7 所示，部分制造厂仅仅采用符号表示或采用外文表示，不利于观察巡视。

接地开关引出端应有明显的相位标志。部分制造厂的接地开关引出端无相位标志，无法判断引出接地端的相序。

图 2-7　组合电器分合闸指示未使用中文

（二）分析解释

组合电器的分合指示采用中文更加直观，如果仅采用符号或外文则增加了人为判断设备状态的难度，容易判断错误。尤其是断路器储能指示，用弹簧的拉伸/压缩表示是否储能，但不同型号的断路器储能方式不同，有的断路器压缩弹簧储能，有的断路器拉伸弹簧储能，这就为判断弹簧是否储能带来了不利因素。

（三）优化措施

在召开设计联络会时提出，出厂验收时应确保断路器、隔离开关、接地开关分合闸指示及储能采用中文标识（见图 2-8），接地开关引出端应有明显的相位标识。

图 2-8 组合电器分合闸指示使用中文

三、组合电器的控制开关和分合位置指示灯应分开设置

（一）差异内容

组合电器中，断路器、隔离开关、接地开关的控制开关和分合位置指示灯应分开设置。但部分组合电器的分合位置指示灯集成在控制开关上。

（二）分析解释

将多种设备集成为一体，若一个部件损坏需要更换整体，将增加设备的故障率，增加了更换工作的成本。而今电网设备的可靠性要求日益提高，需要切实降低设备的故障率。

指示灯长时间通电，故障率高，控制开关故障率低，将指示灯与控制开关集成后，故障率就是二者的集成。指示灯故障需要更换控制开关，而更换控制开关需要涉及控制回路，容易发生误操作，风险极大。因此，将控制开关和分合位置指示灯分开设置可在一定程度上减少零部件故障造成的影响，降低更换工作的风险，并减少更换成本。

（三）优化措施

在召开设计联络会时提出，出厂验收时应确保组合电器的控制开关和分合位置指示灯分开设置。

任务四　盆式绝缘子

▶【项目描述】

盆式绝缘子一般由绝缘件（如瓷件）和金属附件（如钢脚、铁帽、法兰等）用胶合剂胶合或机械卡装而成。组合电器中，盆式绝缘子除了起绝缘、支撑固定作用外，还起到分隔不同气室的作用。

▶【技术要领】

一、组合电器的盆式绝缘子应预留特高频局部放电检测窗口

（一）差异内容

《十八项反事故措施》第12.2.1.5条规定："新投运 GIS 采用带金属法兰的盆式绝缘子时，应预留窗口用于特高频局部放电检测"。部分设备未预留特高频局部放电检测窗口，或虽然预留了窗口但是窗口被二次电缆及金属线槽挡住，不利于特高频局部放电检测。

（二）分析解释

虽然组合电器的故障率较低，但一旦发生故障后果将非常严重，而且其检修时间长且繁杂，稍有不慎容易导致检修质量问题。因此，对组合电器设备状态进行监测及检修具有相当重要及迫切的需求。

局部放电特高频检测技术是一种检测并诊断组合电器状态的重要手段，

其可以发现组合电器内部的多种绝缘缺陷，具有检测灵敏度高和抗干扰能力强等特点，非常适合在变电站和发电厂现场条件下对组合电器进行监测。特高频技术通过检测局部放电辐射电磁波信号来实现对设备局部放电的检测，抗干扰能力强，检测灵敏度高，因此广泛应用在输变电设备局部放电在线检测领域。

目前大多数绝缘组合电器上未安装内置式特高频传感器，只能采用外置式传感器进行检测，但是由于组合电器绝缘子外表面被金属法兰包裹，导致普通外置式特高频传感器很难检测到其内部的局部放电信号。为了解决这一问题，一般利用金属法兰在制造时遗留的孔洞，在孔洞处使用外置式特高频传感器来进行检测。如图 2-9 和图 2-10 所示，在盆式绝缘子上预留特高频局部放电监测窗口。这样一来检测窗口就成为整个盆式绝缘子上的薄弱环节，所以为了防止检测窗口漏水漏气，一般在检测窗口上增加一块盖板并用防水胶进行封堵，需要检测时再打开，以便于特高频局部放电检测。

图 2-9　盆式绝缘子上预留的特高频局部放电监测窗口

图 2-10　特高频局部放电监测窗口（打开表面盖板）

（三）优化措施

要求制造厂在制造盆式绝缘子时预留特高频局部放电检测窗口，窗口应避开二次电缆及金属线槽。

二、组合电器的盆式绝缘子应用颜色区分隔盆或通盆

（一）差异内容

组合电器的盆式绝缘子应用颜色区分隔盆或通盆，一般隔盆用红色表示，通盆用绿色表示。但部分制造厂在出厂时未标明通盆或隔盆，如图 2-11 所示。

图 2-11　盆式绝缘子未标明通盆或隔盆

（二）分析解释

组合电器中盆式绝缘子有全密封式（隔盆）和孔洞式（通盆）两种，除了用于气室间的绝缘、支撑母线和各种元器件外，隔盆还用于隔离气室间气体，其区别主要是在绝缘子表面有没有设置通气的孔洞。绝缘子通盆与隔盆的结构如图 2-12 所示。

通盆和隔盆功能不同，在检修中必须予以区分，以防止误开运行气室。用醒目的红色和绿色可以区分通盆和隔盆，防止误操作。

（三）优化措施

要求制造厂用颜色区分盆式绝缘子的隔盆或通盆，如图 2-13 所示。

(a) 通盆

(b) 隔盆

图 2-12　通盆与隔盆结构图

图 2-13　盆式绝缘子用红色和绿色标明隔盆或通盆

三、盆式绝缘子应尽量避免水平布置

（一）差异内容

组合电器的盆式绝缘子应尽量避免水平布置。但部分组合电器中的盆式绝缘子大量采用水平布置的方式。

（二）分析解释

组合电器在运行中可能产生悬浮颗粒物、金属屑等，若盆式绝缘子水平布置，这些金属屑将会沉积在盆式绝缘子表面，从而引起放电，如图 2-14 所示。因此尽量避免盆式绝缘子水平布置，水平布置时应避免盆式绝缘子凹面朝上，防止颗粒物沉积的重点是断路器、隔离开关、接地开关等具有插接式运动磨损部件的气室下部，避免触头动作产生的金属屑造成运行中的组合电器放电。

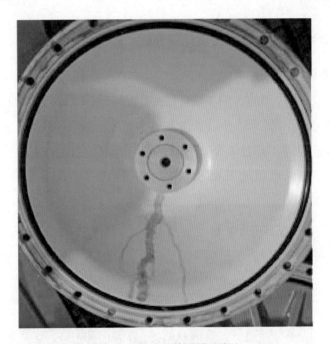

图 2-14　盆式绝缘子沿面爬电

（三）优化措施

在召开设计联络会时向制造厂提出要求，盆式绝缘子尽量避免水平布置。

任务五　组合电器本体

>> 【任务描述】

高压组合电器按绝缘结构分为敞开式及全封闭式两种。前者以隔离开关或断路器为主体，将电流互感器、电压互感器、电缆头等元件与之共同组合而成；后者是将各组成元件的高压带电部位密封于接地金属外壳内，壳内充以绝缘性能良好的气体、油或固体绝缘介质，各组成元件（一般包括断路器、隔离开关、接地开关、电压互感器、电流互感器、母线、避雷器、电缆终端等）按接线要求依次连接和组成一个整体。

≫ 【技术要领】

一、组合电器单气室长度设计应合理

（一）差异内容

《十八项反事故措施》第 12.2.1.2.1 条规定："GIS 最大气室的气体处理时间不超过 8h。252kV 及以下设备单个气室长度不超过 15m，且单个主母线气室对应间隔不超过 3 个。"但部分基建工程在设计时未充分考虑气室长度问题，气室长度超过 15m，如图 2-15 所示。

图 2-15 单母线气室超过 15m

（二）分析解释

组合电器投入市场的时间并不长，处于不断完善的过程中，由于组合电器数量不断增加，其检修的重要性也得到了充分体现。组合电器气室的划分需要综合考虑故障后维修、处理气体的便捷性以及故障气体的扩散范围，将设备结构参量及气体总处理时间共同作为划分气室的重要因数，提高检修效率。

在以往的检修中发生过因为气室设计不合理而导致的检修困难，气室太大导致气体回收、抽真空、充气速度慢，大大增加了检修必要的停电时间，影响电网的运行可靠性。并且由于气室太大，增加了检漏的难度，难以判断漏气点。

（三）优化措施

在召开设计联络会时提出，出厂验收时应确保组合电器单气室长度不超过 15m，如图 2-16 所示。

图 2-16　增加隔盆，将母线分隔为若干个气室

二、压力释放装置喷口设置应合理

（一）差异内容

《十八项反事故措施》第 12.2.1.16 条规定："装配前应检查并确认防爆膜是否受外力损伤，装配时应保证防爆膜泄压方向正确、定位准确，防爆膜泄压挡板的结构和方向应避免在运行中积水、结冰、误碰。防爆膜喷口不应朝向巡视通道"。但部分制造厂的压力释放装置喷口无标志，喷口朝向巡视通道或朝上导致容易积水。

（二）分析解释

组合电器的压力释放装置起到保护作用。当设备内部发生故障时，内部电弧使 SF_6 气体迅速分解，罐体内部的压力急剧增加，此时若无压力释放装置，罐体可能发生爆炸。压力释放装置开启，可以保护罐体不受损坏。

压力释放装置的泄压喷口实质上是整个罐体的薄弱环节，在压力增高时将压力定向释放，因此压力释放装置的喷口不能朝向可能有人经过的巡视通道，并应有鲜明的标志以指示人员不可在其旁边长时间逗留。如图 2-17 所示，压力释放阀喷口应朝下安装。同时防爆膜喷口处较为薄弱需要保护，避免积水结冰。

图 2-17　压力释放阀喷口朝下安装

（三）优化措施

在召开设计联络会时向制造厂提出要求，压力释放装置（防爆膜）喷口应有明显的标志，不应朝向巡视通道，同时喷口处还应避免在运行中积水、结冰、误碰。

三、组合电器的吸附剂罩结构设计应合理

（一）差异内容

吸附剂罩结构应设计合理，避免吸附剂颗粒脱落，材质应选用不锈钢或其他高强度材料。《十八项反事故措施》第 12.2.1.8 条规定："吸附剂罩的材质应选用不锈钢或其他高强度材料，结构应设计合理，吸附剂应选用不易粉化的材料并装于专用袋中，绑扎牢固"。但部分制造厂的吸附剂罩设计不合理，容易脱落，如图 2-18 所示。

（二）分析解释

断路器中吸附剂脱落会导致断路器内部放电。若断路器吸附剂罩设计不合理，只起到挡板作用，则不能有效将吸附剂包装袋完全防护在内。吸附剂颗粒脱落掉入罐体内部，引起电场畸变，进而发展成短路故障。依据运行经验，对吸附剂罩材质及安装方式提出要求，避免吸附剂掉落罐体引起放电故障。

图 2-18　吸附剂罩安装不当，吸附剂颗粒容易掉入罐体

（三）优化措施

要求制造厂合理选用吸附剂罩的材质，应选用不锈钢或其他高强度材料，结构应设计合理。如图 2-19 所示，吸附剂应选用不易粉化的材料并装于专用袋中，并绑扎牢固。

图 2-19　吸附剂罩安装可靠

四、组合电器本体接地应符合要求

（一）差异内容

组合电器本体应多点接地，接地排应直接连接到地网，电压互感器、

避雷器、快速接地开关应采用专用接地线直接连接到地网，不得通过气室外壳接地。外壳法兰片要求设置跨接线，并保证良好通路。电压互感器"N"端接地应单独引出与主网接地，截面积不小于 $10mm^2$。

部分工程中，组合电器本体单点接地，接地排未直接连接到地网，电压互感器、避雷器、快速接地开关未采用专用接地线直接连接到地网，外壳法兰片未设置跨接线，电压互感器"N"端接地未单独引出与主网接地。

（二）分析解释

组合电器接地是指针对组合电器配电装置的主回路、辅助回路、设备构架以及所有的金属部分进行接地。组合电器配电装置接地点较多，一般设置接地母线，将组合电器的接地线与接地母线连接，接地母线与接地网多点连接。接地母线一般采用铜排，截面积应满足动、热稳定的要求。

外壳的可靠接地是变电站工作人员人身安全及电力系统正常运行的重要保障。采用非全连式外壳一点接地时，外壳受相邻磁场作用产生的涡流只能屏蔽部分相邻磁场，电磁感应作用在外壳上产生较高的感应电压，钢构架产生的涡流损耗使钢构架发热，并且会对控制系统产生较大的电磁耦合干扰；当全连式外壳多点接地时，三相外壳在电气上形成一个闭合回路，当导体通过电流时，在外壳上感应出与导体电流大小相当、方向相反的环流，可使外部磁场几乎为零。因而，组合电器的外壳接地广泛采用全连式外壳多点接地。

（三）优化措施

对组合电器单点接地的设备增加接地点，改为多点接地。根据要求检查电压互感器、避雷器、快速接地开关是否采用专用接地线直接连接到地网。检查外壳法兰片是否设置跨接线，并保证良好通路。电压互感器"N"端接地应单独引出与主网接地，截面积符合要求。

五、组合电器的避雷器和电压互感器应设置独立的隔离断口

（一）差异内容

组合电器的避雷器和电压互感器应设置独立的隔离断口。而在部分设计中避雷器和电压互感器直接连接。

(二)分析解释

设置独立的隔离断口，主要是为了便于试验和检修。组合电器中的避雷器、电压互感器耐压水平与组合电器设备不一致，或者不能承受组合电器的交流电压试验，如果设计时没有相应的隔离开关或断口，则必须在耐压试验前将其拆卸，对原部位进行一定均压处理后方可进行组合电器耐压，耐压通过后再进行避雷器和电压互感器安装，这样使得耐压试验周期变得很长，且现场处理的密封面、对接面变多，不利于组合电器内部清洁度的控制。

(三)优化措施

向制造厂提出要求，组合电器的避雷器和电压互感器应设置独立的隔离断口，如图 2-20 所示。

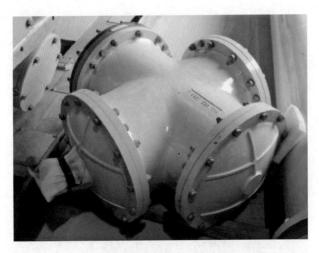

图 2-20　在组合电器的避雷器和电压互感器间加装隔离断口

六、出线侧（线路、主变压器间隔）应装设具有自检功能的带电显示装置

(一)差异内容

成套 SF_6 组合电器防误装置应齐全、性能良好，出线侧应装设具有自检功能的带电显示装置。但部分制造厂并未装设具有自检功能的带电显示装置。

(二)分析解释

高压电气设备应安装完善的防误闭锁装置，装置性能、质量等应符合防误装置技术标准的规定。为了实现防止误分合断路器、防止带负荷分合隔离开关、防止带电挂（合）接地线（接地开关）、防止带地线送电、防止误入带电间隔等防误操作功能，《十八项反事故措施》第 4.2.10 条规定："成套 SF_6 组合电器、成套高压开关柜防误功能应齐全、性能良好；新投设备应装设具有自检功能的带电显示装置，并与接地开关及柜门实现强制闭锁；配电装置有倒送电源时，间隔网门应装有带电显示装置的强制闭锁"。

具有自检功能的带电显示装置可以检验线路是否带电，并在线路带电时将接地开关和柜门实现强制闭锁功能，避免运检人员在线路带电的情况下合上接地开关或打开柜门，从而保证人身和设备的安全。

（三）优化措施

在召开设计联络会或工厂验收时发现组合电器不满足该项条款时，应强制制造厂执行此规定，保证设备具备完善的防误闭锁装置。图 2-21 所示为线路侧加装带电显示装置。

图 2-21 线路侧加装带电显示装置

七、220kV 及以上电压等级组合电器应加装内置局部放电传感器

（一）差异内容

Q/GDW 11651.3—2016《变电站设备验收规范　第 3 部分：组合电

器》的表 A1 规定："220kV 及以上电压等级组合电器应加装内置局部放电传感器。"但部分制造厂并未装设。

（二）分析解释

随着对组合电器可靠性要求的提高和带电检测技术的进步，通过组合电器内置传感器进行运行中的带电局部放电测量能够有效、及时发现组合电器内部的缺陷，防止绝缘事故的发生，而且内置局部放电传感器能够大大提高检测灵敏度。

外置传感器需置于组合电器罐体外，只能监测到穿透盆式绝缘子的特高频信号，信号穿过盆式绝缘子后将有一定的衰减，对监测的准确度会产生影响。而内置传感器安装在罐体内部，能够直接接收所有特高频信号，因此准确度更高。图 2-22 所示为典型的内置局部放电传感器。

图 2-22　内置局部放电传感器

（三）优化措施

在召开设计联络会或工厂验收时发现组合电器不满足该项条款时，应强制制造厂执行此规定，保证组合电器设备特高频局部放电检测的便捷性和准确性。

项目三

隔离开关运检与基建工法差异解析

>> 【项目描述】

隔离开关是一种主要用于"隔离电源、倒闸操作、用以连通和切断小电流电路"、无灭弧功能的开关器件。隔离开关在分位置时，触头间有符合规定要求的绝缘距离和明显的断开标志；在合位置时，能承载正常回路条件下电流及在规定时间内异常条件（例如短路）下的电流。隔离开关的主要特点是无灭弧能力，只能在没有负荷电流的情况下分、合电路。

本项目介绍了断路器在基建与运检过程中的工艺差异。通过案例分析，使基建及检修维护人员掌握隔离开关本体的结构特点以及标准的安装与检修工艺、试验方法与技术要领，统一生产运维与工程建设工作标准。

任务一　隔离开关的导电接触面

>> 【任务描述】

隔离开关的导电接触面是电流流通的关键节点。导电接触面异常通常会表现为隔离开关接触面、导电臂发热。

>> 【技术要领】

一、隔离开关应进行带设备线夹的回路电阻测试

（一）差异内容

隔离开关安装时应保证各个接触面回路电阻符合要求，并进行回路电阻测试。《十八项反事故措施》第 12.3.2.1 条规定："新安装的隔离开关必须进行导电回路电阻测试。交接试验值应不大于出厂试验值的 1.2 倍。除对隔离开关自身导电回路进行电阻测试外，还应对包含电气连接端子的导电回路电阻进行测试"。但部分施工单位对回路电阻的测量相当敷衍，未对线夹接触面回路电阻值进行测量。

（二）分析解释

随着社会经济发展，供电负荷逐年增加，隔离开关过热问题凸显。从对隔离开关过热的巡查情况来看，发现过热主要集中在触头和线夹接触面上。因此，确保触头接触可靠、线夹接触面接触电阻合格对于避免隔离开关过热有着重要的意义。运行经验表明，电气接线端子发热日益成为高压隔离开关导电回路过热故障的主要类型之一。电气接线端子发热的主要原因是安装工艺不良。因此要求隔离开关安装后，施工单位应测量隔离开关带设备线夹的整体回路的电阻值，并出具有效的实验报告。导电回路电阻测试应在设备完全安装、连接完毕后进行，避免导线连接后设备接触情况发生变化。

（三）优化措施

要求施工单位对隔离开关带设备线夹做整体回路电阻测试，并提供相应试验报告。

二、隔离开关触头镀银层厚度应不小于 20μm

（一）差异内容

《十八项反事故措施》第 12.3.1.2 条规定："隔离开关主触头镀银层厚度应不小于 $20\mu m$，硬度不小于 120HV，并开展镀层结合力抽检。出厂试验应进行金属镀层检测。导电回路不同金属接触应采取镀银、搪锡等有效过渡措施"。但部分制造厂的隔离开关触头镀银层厚度不足或未提供镀银层检测报告。

（二）分析解释

为了保证隔离开关的可靠运行，降低主触头的发热，需对动、静触头表面进行镀银处理，镀层达到一定厚度时可提高接触点的导电能力和抗氧化能力。若镀银层厚度或硬度不足，在投运之初可能不会有影响，但随着运行时间的增加，不合格的镀银层在空气、水分和电场的作用下容易损伤、脱落。如图 3-1 和图 3-2 所示，在运行一年后，因镀银层厚度和硬度不足，隔离开关镀银层出现磨损脱落。

隔离开关触头镀银层厚度要求不低于 $20\mu m$，验收时仅根据目测无法判

图 3-1 运行一年后，触头镀银层脱落

图 3-2 镀银层硬度不足引发磨损

断镀银层厚度是否符合要求，因此需制造厂提供第三方触头镀银层检测报告作为验收依据。

（三）优化措施

应在设计联络会纪要中予以明确，隔离开关主触头镀银层厚度应不小于 20μm，硬度不小于 120HV。验收时若发现无镀银层检测报告，应要求制造厂补充该报告，图 3-3 为镀银层检测报告示例。

三、线夹搭接面使用的电力复合脂应合格且涂抹工艺需到位

（一）差异内容

施工单位使用的电力复合脂应符合 Q/GDW 634—2011《电力复合脂技术条件》的相关要求。现场抽查后发现有的施工单位使用的导电脂不合格，如图 3-4 所示。

交流隔离开关和接地开关触头镀银层厚度检测报告

工程名称 Project	荔动复	试验日期 Date	2 18、09.25
试件名称 Unit Name	动触头	试件型号 Unit Serial Number	GW4-126
生产厂家 Manufacturer.		出厂编号 Serial Number	18 12476
镀层材质 Cladding Material	银(Ag)	基材材质 Backing Material	铝(AL)
仪器型号 Device Number	DN7 4884	显示精度 Accuracy	005
检验依据 Standard	GDW -11-284-2011		

测试部位照片或示意图 The graph or photo of tested unit:

测厚记录(单位：μm)Thickness Record：

触头编号	测点编号	1	2	3	4	5	6
	厚度	30.4	30.7	29.8	31.0	30.7	29.9
	测点编号	7	8	9	10		
	厚度	29.4	30.8	31.4	29.8		

检测结论 Conclusion	合格		
检 验 Operator	432号	审 核 Auditor	

图 3-3 镀银层检测报告示例

图 3-4 使用不合格的电力复合脂

47

（二）分析解释

电力复合脂又叫导电膏，它是由矿物油脂加入适量的导电、抗氧化、抗腐蚀等物质，经物理方法精制合成的一种电工材料。当将电力复合脂均匀地涂抹在导电体的接触面时，可将其表面填平，使连接处的各导电体之间的接触由"点接触"变成了"面接触"，相当于增大了相互连接的导电体之间的有效接触面积，可有效降低它们之间的接触电阻。

由于在电力复合脂中添加了抗氧化及抗腐蚀等物质，当将其均匀地涂抹在导电体的接触面上时，可防止金属导电体在空气中被氧化、腐蚀，大大减缓了金属导电体接触面上氧化薄膜的产生，也就大大减轻了电气接头中导电体遭受电化学腐蚀的作用，保证了接头处导电体能够长时间接触良好。

因此，电力复合脂对降低导电接触面电阻起到十分重要的作用。Q/GDW 634—2011《电力复合脂技术条件》从外观、锥入度、滴点、pH 值、腐蚀、蒸发损失、耐潮性能、涂膏前后冷态接触电阻的变化、温度循环性能、体积电阻率、额定电流下的温升、耐盐雾腐蚀性能、加速稳定性等 13个方面对电力复合脂进行了规定。在抽查中发现有的施工单位使用的电力复合脂不符合要求。

电力复合脂滴点较低会导致样品在使用过程中较易发生液化，降低膏体与涂覆面的附着力，增大电力复合脂的损失；蒸发损失过大会使电力复合脂损失加速，降低电力复合脂涂覆结构的使用年限；过大的接触电阻变化会导致电力复合脂涂覆后结构体电阻上升过大，影响电气安全性能；加速稳定试验中出现油分析出、分层、无挂壁等现象，表明时间稳定性差，可能导致覆膏提前失效，涂覆结构提前老化。

高压设备停电检修周期长，若电力复合脂在周期内就失去作用，将引起导电接触面接触电阻增大。接触电阻越大，接头处的发热也就越严重，最终可能导致接头烧熔、断线。因此，必须使用合格的电力复合脂。

（三）优化措施

督促施工单位使用合格的电力复合脂，且涂抹工艺需到位，如图 3-5

所示。并在中间验收、竣工验收中抽查，若发现使用不合格的电力复合脂，或涂抹工艺不到位，就要求施工单位对所有接头重新处理。

图 3-5　使用合格的电力复合脂

任务二　隔 离 开 关 本 体

» 【任务描述】

隔离开关本体由绝缘子、导电臂、软导电带等部件组成。不同型号、不同应用场合的隔离开关在安装及检修维护过程中对本体有不同的要求。

» 【技术要领】

一、电容器隔离开关的接地开关采用四极接地开关

（一）差异内容

电容器隔离开关的接地开关应采用四极接地开关，即应增加一极中性点接地。但部分设计中仍然采用三极接地的老结构，如图 3-6 所示。

图 3-6 电容器隔离开关仅带三极接地开关

（二）分析解释

如图 3-7 所示，高压电容器组采用星形接线，中性点在运行中不接地，因此带有电压。当停运检修时，除了要将 A、B、C 三相接地外，星形接线的中性点 N 也需要接地放电，因此才出现四极隔离开关。运行时主闸刀三极导通，停运时四极隔离开关接地。

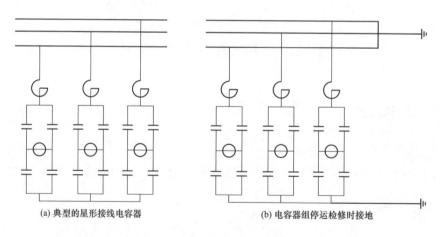

(a) 典型的星形接线电容器   (b) 电容器组停运检修时接地

图 3-7 电容器组接线示意图

（三）优化措施

从制造厂和设计的源头入手，要求所用电容器隔离开关的接地开关采用四极接地开关，如图 3-8 所示。

图 3-8 电容器隔离开关采用四极接地开关

二、252kV 及以上隔离开关安装后应对绝缘子逐只探伤

（一）差异内容

《十八项反事故措施》第 12.3.2.2 条规定："252kV 及以上隔离开关安装后应对绝缘子逐只探伤"。但部分施工单位不进行探伤或只在安装前进行探伤。

（二）分析解释

绝缘子是隔离开关的重要组成部件，起着支撑导体和绝缘的作用。电网中因支持绝缘子断裂而引发的故障时有发生，影响面广，损失大，给安全运行构成极大威胁，因此防止支持绝缘子断裂事故是历年来变电检修的重点工作。绝缘子断裂的原因主要是由于绝缘子老化导致根部机械强度减弱，局部损伤后引发断裂事故。

绝缘子探伤仪使用的超声波检测法是无损检测的一种方法。如图 3-9 所示，超声波检测时，检测仪发出的高频脉冲电信号加在探头的压电晶片上，由于逆压电效应，晶片产生弹性形变，从而产生超声波。超声波经耦合后传入被探的绝缘子中，遇到异质界面时产生反射，反射回来的超声波同样作用到探头上。正压电效应使探头晶片上产生放电信号，再通过分析晶片上的电信号，就可以确定被探绝缘子的缺陷信息。

同时，隔离开关吊装和连接导线等过程存在绝缘子冲击破损、异常受力等风险，因此绝缘子探伤应在设备安装完好并完成所有连接后进行。

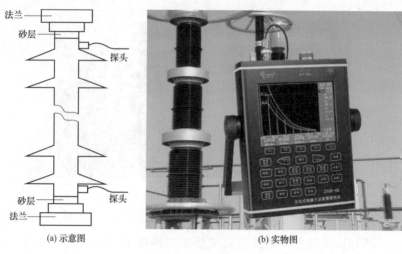

(a) 示意图　　　　　　(b) 实物图

图 3-9　绝缘子探伤

（三）优化措施

要求施工单位对在隔离开关安装完成后，应对绝缘子逐只探伤。

三、叠片式铝制软导电带应有不锈钢片保护

（一）差异内容

《十八项反事故措施》第 12.3.1.4 条规定："上下导电臂之间的中间接头、导电臂与导电底座之间应采用叠片式软导电带连接，叠片式铝制软导电带应有不锈钢片保护"。但部分制造厂的软连接无不锈钢片保护，如图 3-10 所示。

图 3-10　叠片式铝制软导电带无不锈钢片保护

（二）分析解释

如图 3-11 所示，无不锈钢片保护的部分薄导电带（软连接）在运行中容易被风一片一片吹断，使隔离开关电流通路减少，严重时断开电流通路，使设备异常停运。不锈钢片夹在导电带两侧，可以将导电带固定，防止导电带受大风恶劣天气影响而产生断裂，确保设备可靠运行。

图 3-11　无不锈钢保护的软连接被风吹断

（三）优化措施

要求制造厂改变设计，采用的叠片式铝制软导电带使用不锈钢片保护，如图 3-12 所示。

图 3-12　叠片式铝制软导电带使用不锈钢片保护

53

四、垂直开断隔离开关支持绝缘子上方宜设置防鸟措施

(一)差异内容

隔离开关支持绝缘子上方平坦,容易引鸟筑巢,可以通过安装防鸟装置来阻止鸟类筑巢。但大部分制造厂并无防鸟的措施,基建单位基本上也不会考虑加装防鸟装置,导致投运后变电站鸟害严重。

(二)分析解释

鸟类在变电站中筑巢,筑巢使用的稻草、金属丝可能引起设备短路接地,鸟类生活产生的污物可能腐蚀变电设备,会给变电站安全运行带来许多不利的影响。如图 3-13 所示,某些隔离开关上的鸟巢中含有铁丝,易引起接地故障。

(a) 铁丝挂在导电臂上　　　　(b) 隔离开关底座上的鸟巢带有铁丝

图 3-13　隔离开关的某些鸟巢中含有铁丝,易引起接地故障

在垂直开断的隔离开关上,鸟巢的位置很高,需要停电才能处理鸟巢缺陷,如图 3-14 所示的鸟巢位置。根据此类隔离开关的结构,在不影响隔离开关正常动作的前提下,计划为鸟类筑巢设置障碍,避免其筑巢。有一种方法是设置简易驱鸟器,其原理是,通过在板上安装针刺,使得鸟类无法在隔离开关底座上停留建巢,从而达到驱鸟目的,如图 3-15 所示为驱鸟器与安装位置。

图 3-14　垂直开关隔离开关的鸟巢位置

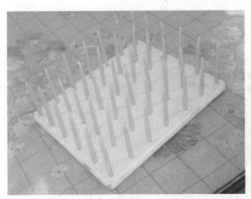

(a) 驱鸟器　　　　　　　　　(b) 驱鸟器安装在隔离开关底座上

图 3-15　驱鸟器与安装位置

驱鸟器使原先筑巢在隔离开关上的鸟类驱散到别处，防鸟效果良好，因此已经在检修单位推广使用。但基建单位由于不需要考虑投运后鸟类筑巢情况，并无安装驱鸟器的规定。

（三）优化措施

向制造厂及设计单位提出要求，应充分考虑隔离开关的驱鸟功能；向基建单位提供驱鸟器，令其在新建隔离开关的底座上安装，如图 3-16 所示。

图 3-16　加装驱鸟器

五、隔离开关传动部位及外露平衡弹簧应涂敷润滑脂

(一) 差异内容

隔离开关的传动部位及外露平衡弹簧应涂敷润滑脂，润滑脂一般使用二硫化钼锂基润滑脂。但部分施工单位安装完成后未涂敷润滑脂，导致平衡弹簧生锈，如图 3-17 所示。

图 3-17　未涂抹润滑脂导致平衡弹簧生锈

(二) 分析解释

隔离开关完成安装后若不涂润滑脂，虽然在刚投运时运行正常，但在

运行几年后将会出现卡涩、操作费力的情况，严重的甚至会引起连杆断裂，从而引发事故。这是因为隔离开关的结构中有许多传动部件，如轴承、拐臂、弹簧等，运动的部件都需要润滑，因此需要涂敷润滑油。同时，这些部件在长期运行中容易积灰、腐蚀、生锈，影响隔离开关的功能，因此这些部件需要防护。

如图 3-18 所示，在传动部位涂抹二硫化钼锂基润滑脂既可以起到润滑作用，又可以起到防护作用。二硫化钼锂基润滑脂的外观如图 3-19 所示，为灰色至黑灰色均匀油膏，具有良好的润滑性、机械安全性、抗水性和氧化安定性，适用于隔离开关运转的轴承、连杆、摩擦面等需要良好润滑效

图 3-18　在传动部位涂抹二硫化钼锂基润滑脂

图 3-19　二硫化钼锂基润滑脂的外观

果的位置，具有良好的热稳定性和润滑作用。同时由于它可以隔绝空气和水分，能够起到防护作用。

（三）优化措施

在隔离开关安装完成后，施工单位应在传动部位及外露平衡弹簧处涂敷润滑脂（见图 3-20），润滑脂一般使用二硫化钼锂基润滑脂。

图 3-20　在平衡弹簧处涂抹二硫化钼锂基润滑脂

任务三　隔 离 开 关 机 构

》【任务描述】

机构是隔离开关实现开合操作的部件。机构应满足电气回路正常的开合、联锁及可靠性等需求。

》【技术要领】

一、制造厂应提供机械操作试验报告

（一）差异内容

制造厂应进行隔离开关机械操作试验，并保证操作次数满足要求以及

提供相应的试验报告。部分制造厂未能提供机械操作试验报告或报告中操作次数不满足要求。

（二）分析解释

为避免机械结构的触头出现卡涩，保证隔离开关长期稳定可靠运行，《十八项反事故措施》第 12.2.1.11 条规定："组合电器用断路器、隔离开关和接地开关以及罐式 SF_6 断路器，出厂试验时应进行不少于 200 次的机械操作试验（其中断路器每 100 次操作试验的最后 20 次应为重合闸操作试验），以保证触头充分磨合。200 次操作完成后应彻底清洁壳体内部，再进行其他出厂试验。"如果机械操作试验次数不够，则无法保证触头的充分磨合，在投运后的操作中容易发生触头卡涩、机构断裂的情况，因此制造厂应按要求进行机械操作试验。

（三）优化措施

向制造厂提出要求，必须保质保量地进行隔离开关的机械操作试验，并如实提供机械操作试验报告。

二、隔离开关应有完善的电气联锁

（一）差异内容

隔离开关需有完善的电气联锁。但部分基建工程中隔离开关的电气联锁不完善。

（二）分析解释

加装联锁装置的目的是防止在操作过程中发生误操作和误并列事故。

（1）防止带负荷分、合隔离开关。为了保证操作的安全，操作隔离开关必须按照一定的操作顺序，即合闸操作时，先合隔离开关，后合断路器；分闸操作时，先拉断路器，后拉隔离开关；否则将发生误操作，造成相间短路事故。因此设定联锁，只有在断路器分闸状态下才能操作隔离开关。

（2）防止带接地线（接地开关）合隔离开关，变电站同间隔内断路器和两侧隔离开关电动机构（包括主闸刀电动机构和接地开关操作机构）需有电气联锁，接地开关机构是手动机构的，在接地开关合闸时须闭锁主闸刀合闸电源。

为此，Q/GDW 11505—2015《隔离断路器交接试验规程》有如下规定："6.4 联闭锁检查：b) 隔离断路器合闸或断路器合闸，接地开关均不能合闸；c) 接地开关合闸对隔离断路器合闸的闭锁：当接地开关处于合闸位置时，远方、就地操作隔离断路器，隔离断路器均不能合闸"。

如果电气联锁不完善，则在设备技术条件上无法阻止运行人员误操作，可能引发带电误合接地开关的恶性事件。

（三）优化措施

从制造厂和设计的源头入手，要求隔离开关安装完善的电气联锁。做到防止带负荷分、合隔离开关以及带接地线（接地开关）合隔离开关。

三、隔离开关机构箱内应安装加热器并可靠启用

（一）差异内容

隔离开关机构箱内应安装加热器并可靠启用。有的隔离开关只有电动操作机构箱有加热器而手动操作机构箱没有，有的机构箱内配置有加热器但施工单位未将加热器电源接入导致加热器不工作。

（二）分析解释

隔离开关大多运行在户外，受环境影响大，而机构箱内有许多电气和机械元件，这些元件对工作环境的要求较高。若机构箱内部湿度太大，机械部件如齿轮和轴承等容易生锈，发生卡涩引起机构故障；电气元件如继电器和按钮等容易受潮，绝缘性能降低，导致无法正常工作，如图 3-21～图 3-23 所示。

图 3-21 加热器未投导致传动齿轮生锈

图 3-22 加热器未投导致继电器和端子排发霉

图 3-23 加热器未投导致辅助开关发霉

安装加热器可以有效降低机构箱内的湿度，改善机构箱内电气和机械元件的运行环境，从而降低机构的故障率，提高运行可靠性。据统计，加热器正常工作的机构比没有加热器的机构发生故障的概率低 60% 以上，因此在机构箱内安装加热器并可靠启用是十分有必要的。

（三）优化措施

从制造厂和设计的源头入手，要求所用隔离开关机构箱（包括电动机构和手动机构）安装加热器，并敷设电源电缆，使加热器可靠启用，如图 3-24 所示。

图 3-24 机构箱内安装加热器

四、隔离开关的操动机构高度应适合手动操作

(一)差异内容

隔离开关的操动机构高度应适合手动操作,手动操作手柄高度应为 1100～1300mm,而有的施工单位在安装隔离开关时未考虑手动操作的便利性。如图 3-25 所示,操作手柄的高度过高或者过低,不利于操作。

图 3-25 机构箱过低,不适合手动操作

（二）分析解释

隔离开关本体安装的高度较高，因此需要操动机构来驱动，隔离开关机构如图3-26所示。通常，操动机构可分为电动和手动两种，电动机构通过电机驱动，而手动机构则需要人力来驱动。为了节省操作力，需要将操动机构安装在大多数人都能够适应的高度。

（三）优化措施

通过设计确认，将隔离开关机构的操作手柄高度设计在 1100～1300mm 之间，如图 3-27 所示，施工单位应按图施工。

图 3-26　隔离开关机构

图 3-27　隔离开关机构高度适中

五、隔离开关的机构箱应满足三侧开门要求

（一）差异内容

隔离开关操动机构的箱体应三侧开门，而且只有在正门打开后其两侧的门才能打开。DL/T 486—2010《高压交流隔离开关和接地开关》第 5.13 条规定："隔离开关操作机构的箱体应三侧开门，而且只有正门打开后其两侧的

门才能打开"。但部分制造厂的机构箱只能打开两面甚至一面（见图 3-28），给检修带来不便。

图 3-28　机构箱侧门不可打开

（二）分析解释

安装及检修中，往往要将隔离开关机构箱门打开，但机构箱内机械及电气元件众多，只开一个门将给检修带来不便。

（三）优化措施

在设计联络会纪要中应予以明确，隔离开关操作机构的箱体应三侧开门，而且只有正门打开后其两侧的门才能打开，如图 3-29 所示。

图 3-29　机构箱可以三侧开门

项目四

开关柜运检与基建工法差异解析

>> 【项目描述】

开关柜是由一个或多个低压开关设备和与之相关的控制、测量、信号、保护、调节等设备，由制造厂负责完成所有内部的电气和机械连接，用结构部件完整地组装在一起的一种组合体。开关柜的结构大体类似，主要包括母线室、断路器室、二次控制室（仪表室）、馈线室，各室之间一般由钢板隔离。内部元器件包括母线（汇流排）、断路器、常规继电器、综合继电保护装置、计量仪表、隔离开关、指示灯、接地开关等。

近年来由于开关柜向小型化、封闭式、移开式方向发展，许多新的技术和设计应运而生。这些新技术和新设计也是生产和基建方面的差异来源，涉及选材、设计、试验等各方面。本项目介绍了开关柜在基建与运检过程中的工艺差异。通过讲解，使基建、运行、检修人员掌握基建与运检过程中的差异，统一生产运维与工程建设的工作标准，破解长期以来生产与基建的分歧。

任务一 开关柜配件选择

>> 【任务描述】

开关柜不同配件的选择直接决定了开关柜的性能。本任务主要讲解开关柜配件选择在运检与基建工艺方面的差异化内容。

>> 【技术要领】

一、采用指示灯、带电显示器、温湿度控制装置分离的指示器

（一）差异内容

开关柜指示灯、带电显示器、温湿度控制装置应相互独立。但部分开关柜制造厂采用指示灯、带电显示器、温湿度控制集成一体的状态指示器，其故障率较高，增加了检修维护成本。

（二）分析解释

近几年，高压开关柜呈现出小型化、集成化的发展趋势，状态指示器

应运而生，它将在指示灯、带电显示器、温湿度控制装置集成一体（见图 4-1），一定程度上节约了了空间。但在设备运行后，状态指示器的故障率往往较高，图 4-2 为状态指示器因故障被烧毁。

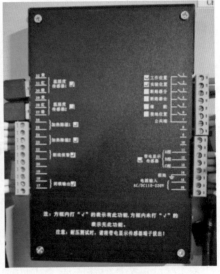

图 4-1　状态指示器

图 4-2　被烧毁的状态指示器

根据近年来的故障统计，状态指示器的故障率较高，甚至大于位置指示灯、温湿度控制器和带电显示闭锁装置的总和，如图 4-3 所示。集成一体的状态指示器由于构成元件较多，可靠性降低，往往一个元件损坏就需要更换整个指示器。

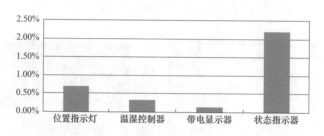

图 4-3　故障率统计图

实际上开关柜仪表仓对节省空间并没有太大要求，没有必要将这些元器件高度集成起来，因此采用相互独立的指示灯、带电显示器和温湿度控制装置，可一定程度上减少零部件故障造成的影响，并降低投运后的运行维护更换成本。

（三）优化措施

在设计联络会纪要中应予以明确，在厂内验收时若发现不满足该条件，应要求制造厂执行此规定，采用指示灯、带电显示器、温湿度控制装置分离的指示器，如图 4-4 所示。

图 4-4　指示灯、带电显示器、温湿度控制器相互独立

二、开关柜带电显示装置应为强制闭锁型的带电显示装置

(一) 差异内容

带电显示装置除显示设备是否带有运行电压外，还能够在相应部位带电时强制闭锁接地开关。《十八项反事故措施》第12.4.1.1条规定："开关柜应选用LSC2类（具备运行连续性功能）、'五防'功能完备的产品。新投开关柜应装设具有自检功能的带电显示装置，并与接地开关（柜门）实现强制闭锁，带电显示装置应装设在仪表室。"但部分制造厂开关柜选用的带电显示装置只有提示是否带电功能，没有闭锁功能，如图4-5所示。

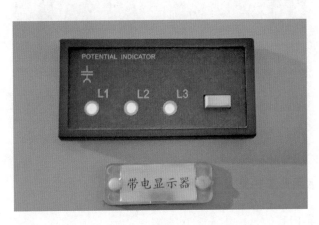

图 4-5　带电显示装置无强制闭锁功能

(二) 分析解释

运行人员往往通过观察高压带电显示装置来判别设备、线路是否带电，作为打开柜门或操作接地开关的依据。目前，大部分高压带电显示装置采用氖灯作为显示元件，经过长时间运行后，氖灯故障率增高，易失去指示效果；且氖灯亮度低，在特别明亮的环境里显示效果差。因此，通过观察这类带电显示装置的闪烁情况来判断设备是否带电，存在严重的安全隐患，可能造成误入带电间隔、带电误合接地开关的严重安全事故。

采用强制闭锁型带电显示装置，通过装置输出闭锁节点，与电磁锁连接，控制电磁锁的解闭锁，从而防止由于带电显示装置氖灯故障导致的误

入带电间隔或带电误合接地开关事故。

（三）优化措施

在设计时应确认带电显示装置具有强制闭锁功能，验收时若发现开关柜不满足该条件，应强制制造厂按设计要求选用强制闭锁型带电显示装置，如图 4-6 所示。

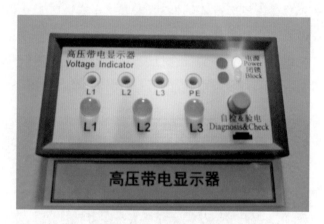

图 4-6　带电显示装置具备强制闭锁功能

三、大电流开关柜宜装气溶胶灭火装置

（一）差异内容

主变开关柜、母分开关柜等电流较大，主变开关柜、母分开关柜及两侧开关柜宜安装气溶胶灭火装置，但开关柜制造厂并无此设计。

（二）分析解释

开关柜之间排列紧密，一旦发生火灾，如不及时采取措施，易导致事故扩大化。气溶胶灭火装置（见图 4-7）是一种自动灭火的消防设备，具有明显的技术优点，能够快速响应、自发启动，起到早期抑制、高效灭火的作用，已在电力行业得到广泛应用。

（三）优化措施

安装开关柜时加装防火气溶胶装置，必要时可由运行单位提供，并指导施工单位完成安装，如图 4-8 所示。

图 4-7　气溶胶灭火装置

图 4-8　加装防火气溶胶装置

四、开关柜活门机构应有独立锁止结构

(一) 差异内容

开关柜活门机构应有独立锁止结构，而部分制造厂开关柜活门机构无此结构，无法上锁，增加了人员误开活门触碰带电设备的风险。

(二) 分析解释

如图 4-9 所示，活门机构是开关柜内部的一种部件，安装在手车室的后壁上，用以封闭开关柜内的静触头。手车从试验位置移动到工作位置的过程中，活门自动打开，动、静触头接合，反方向移动手车则动、静触头分离，活门关闭，从而保障操作人员不触及带电体。当开关及线路改检修时，手车拉至柜外，母线未停电，开关柜内母线侧静触头带电，则应将母线侧活门挡板上锁，防止人员误开活门触及带电部位。因此，要求开关柜活门机构应有独立锁止结构，如图 4-10 所示。

图 4-9　活门机构

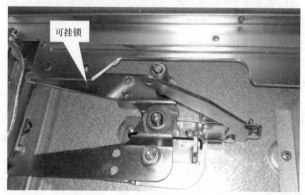

图 4-10　活门的独立锁止结构

（三）优化措施

在设计联络会纪要中应予以明确，在厂内验收时若发现活门不能上锁，应要求制造厂在活门机构上增设锁止结构。

任务二　开关柜母线

》【任务描述】

　　母线是指在成套开关柜中用来作为连接柜间以及柜内各电气设备进行汇集、分配和传送电能的导体。在发生短路故障时要承受短路电流造成的发热和电动力作用，是高、低压成套电器中重要的一次元件。本任务主要讲解开关柜母线结构、安装工艺等在运检与基建工艺方面的差异化内容。

》【技术要领】

一、开关柜内外包绝缘套的母排应设置接地线挂接位置，三相位置应错开

（一）差异内容

　　开关柜母排挂接接地线的位置应去除绝缘套，且三相位置应错开。部分施工单位安装母排后未预留接地线挂接位置，或三相位置未错开。

（二）分析解释

　　开关柜母排通常采用外包绝缘套的方式对母排表面进行绝缘处理。当母线停电检修时需要在母线上挂接接地线作为安全措施，因此需在外包绝缘套的母排上预留出可以挂接接地线的位置。运行时由于该位置裸露，如有异物触碰可导致相间绝缘不足，因此要求三相位置错开布置，如图 4-11 所示，以尽可能增大该部位相间直线距离。

（三）优化措施

　　在验收时若发现不满足该要求，应按运行要求在母排热缩套上割出挂接接地线的位置，并用可移动的绝缘套包好。

二、10kV 母排应整体热缩

（一）差异内容

10kV 母排应整体热缩，但部分开关柜制造厂未对母排进行热缩或热缩

73

范围不满足要求，如图 4-12 所示。

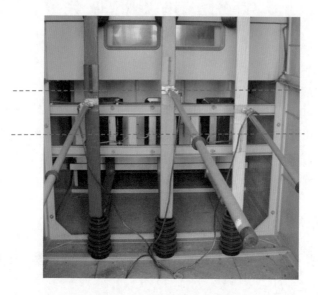

图 4-11　接地线挂接位置布置上下略有错开

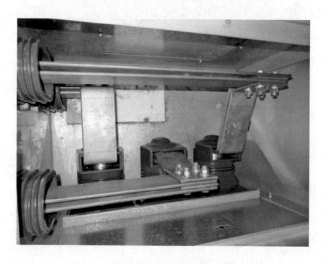

图 4-12　母排未热缩

（二）分析解释

由于裸母排存在一定的安全隐患，因此对于 10kV 母排应进行整体热缩。热缩可有效防止酸、碱、盐等化学物质对母排造成腐蚀，防止老鼠、蛇等小动物进入开关柜引起短路故障以及检修人员误入带电间隙造成意外伤害，同时可以增加母排相间、相对地间的绝缘强度，适应开关柜小型化的发展趋势。并且采用不同颜色的热缩套管热缩母排，可以直接通过颜色判断母排的相别，减少接错的可能。

（三）优化措施

出厂验收时如发现 10kV 母排未进行整体热缩，应要求制造厂补充热缩，如图 4-13 所示。

图 4-13　母排整体热缩

三、开关柜内套管高压屏蔽层与母排的连接应采用软导线及螺栓固定

（一）差异内容

开关柜内套管的高压屏蔽层与母排的连接应采用软导线及螺栓固定。《十八项反事故措施》第 12.4.1.10 条规定："24kV 及以上开关柜内的穿柜套管、触头盒应采用双屏蔽结构，其等电位连线（均压环）应长度适中，并与母线及部件内壁可靠连接"。但部分制造厂开关柜内套管的高压屏蔽层与母排的连接未采用软导线及螺栓固定，而采用弹簧片接触的安装方式。

（二）分析解释

开关柜的穿柜套管和触头盒要求采用具备均压措施的元件，套管高压屏蔽层与母排的连接应采用软导线及螺栓固定，禁止采用弹簧片接触的安装方式。

采用弹簧片作为等电位连接方式，是依靠弹簧片本身的弹力来保证套管与母排连接的可靠性。随着运行时间的增加，弹簧弹性下降，易发生形变，导致原接触部位产生间隙，难以维持母排与套管可靠连接，造成放电。图 4-14 和图 4-15 所示为均压弹簧工作原理和放电案例。

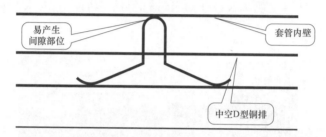

图 4-14　均压弹簧工作原理

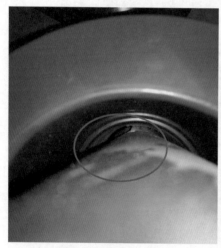

(a) 套管与均压弹簧发生放电

(b) 均压弹簧

图 4-15　套管与均压弹簧发生放电案例

采用软导线及螺栓连接套管高压屏蔽层与母排，随着运行时间增加，螺栓连接仍然较为可靠，可避免此类问题。

（三）优化措施

在设计联络会纪要中应予以明确，套管高压屏蔽层与母排的连接应采用软导线及螺栓固定，如图 4-16 所示。

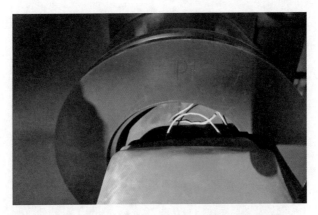

图 4-16　采用软导线连接母排与套管屏蔽层

四、开关柜内矩形母线应倒角且倒角不小于 *R*5

（一）差异内容

Q/GDW 11074—2013《交流高压开关设备技术监督导则》要求"柜内导体末端应采用圆弧形倒角"。但部分开关柜制造厂未对矩形母线末端进行倒角或倒角小于 *R*5，如图 4-17 所示。

图 4-17　未倒角

（二）分析解释

矩形母线末端位置若不进行倒角，通电后电场场强较为集中，易形成电场畸变，导致局部放电。通过一定程度的倒角后可有效改善电场分布，避免局部电场太集中，增大间隙击穿电压。

（三）优化措施

在设计联络会纪要中应予以明确，厂内验收时若发现开关柜矩形母线未倒角或倒角不符合要求，应要求制造厂按此规定整改，对矩形母线进行倒角且倒角不小于 $R5$，如图 4-18 所示。

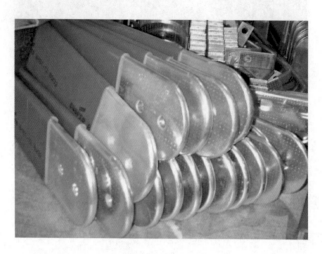

图 4-18　倒角后

五、开关柜内母线穿柜套管安装板需用低磁材料，防止涡流过热

（一）差异内容

开关柜内穿柜套管安装板需用低磁材料。但部分制造厂开关柜穿柜套管安装板未采用低磁材料，导致开关柜运行后在该板上感应出涡流，引起过热。

（二）分析解释

穿柜套管是柜与柜之间母排连接的重要连接部分，当电流通过母排时，会在穿柜套管安装板上感应出磁场，并产生涡流损耗。涡流损耗会随着母线工作电流增加而急剧增大，使穿柜套管板发热，如图 4-19 所示。

在夏季高负荷期间，这个问题尤为突出，严重影响母线的载流量和电气元件的工作性能、穿柜套管本体的正常工作、整条线路的安全运行和可靠供电，甚至危及人身安全，因此需采用低磁材料以减少穿柜套管安装板发热。

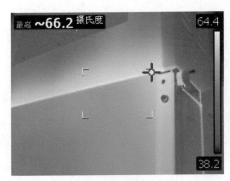
(a) 红外成像图

(b) 穿柜套管安装板

图 4-19 红外检测到穿柜套管安装板过热

（三）优化措施

在设计联络会纪要中应予以明确，在厂内验收时若发现不满足该条件，应强制制造厂执行此规定，采用低磁材料制作安装板，如图 4-20 所示。

图 4-20 穿柜套管低磁隔板

六、开关柜内无论是否加装绝缘材料，均需满足空气绝缘净距离要求

（一）差异内容

《十八项反事故措施》第 12.4.1.2.3 条规定："新安装开关柜禁止使用绝缘隔板。即使母线加装绝缘护套和热缩绝缘材料，也应满足空气绝缘净距离要求。"但部分制造厂为减小开关柜体积，降低成本，采取采用绝缘隔板和绝缘材料封装，以达到压缩柜内导体空气绝缘距离的目的，如图 4-21 所示。这种做法将导致开关柜安装完毕后，部分导体的空气绝缘净距离不满足要求。

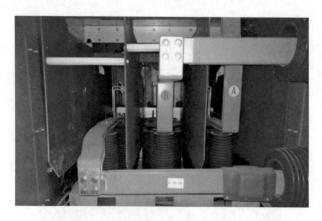

图 4-21　使用绝缘隔板导致绝缘距离不足

（二）分析解释

为了保证高压设备达到设计的绝缘性能，需采取一系列措施，其中保持足够的空气绝缘净距离是最基本的指标。根据试验，采用绝缘隔板、热缩套、加强绝缘或固体绝缘封装，能够适当降低空气绝缘净距离的要求。但是所有的绝缘材料都会老化，在空气、水分和电场的作用下，绝缘材料老化后性能降低，达不到设计的绝缘性能。此时，若空气绝缘净距离不足，就容易发生短路接地故障。此外，一些绝缘材料如绝缘隔板长期使用后会变形，产生局部放电，影响设备的正常运行。

如图 4-22 所示，母排引至避雷器的导线虽外包绝缘套，但其相间空气绝缘净距离不足，需重新制作安装该引线，增大相间、相对地空气绝缘净距离。

图 4-22 避雷器的引线用绝缘材料封装，但空气绝缘净距离不足

不同电压等级下空气绝缘净距离要求见表 4-1。

表 4-1 不同电压等级下空气绝缘净距离要求

额定电压（kV）		7.2	12	24	40.5
空气绝缘净距离（mm）	相间和相对地	≥100	≥125	≥180	≥300
	带电体至门	≥130	≥155	≥210	≥330

（三）优化措施

在设计联络会纪要中应予以明确，在厂内验收或竣工验收时若发现不满足该条件，应强制制造厂整改合格。如图 4-23 所示拆除绝缘隔板，改用更窄的母排来扩大空气绝缘净距离。

图 4-23 拆除绝缘隔板，改用更窄的母排来扩大空气绝缘净距离

七、开关室母线桥架应安装鱼鳞板防爆窗

（一）差异内容

开关室母线桥架应安装鱼鳞板防爆窗，优先对开关室进出线桥架每隔3m 加装一个鱼鳞板防爆窗，防爆窗尺寸宽度一般为 50cm，长即桥架宽度；鱼鳞蜂窝状的网孔要求小于 1mm，并满足 IP4X 要求。部分开关室的桥架无防爆窗，或防爆窗不能满足防爆要求、安装密度不够等，存在一定的安全隐患。

（二）分析解释

高压开关柜在电力系统中普遍应用，设备的安全性越来越被重视，而保证人身安全则是重中之重。开关柜在长期使用过程中由于周围环境的变化、绝缘件性能的下降、误操作等原因会造成开关柜发生事故，其中对人身和设备危险最大的当属内部电弧故障。发生内部电弧故障时，会产生强功率、高温度的电弧，使柜内气体温度骤升，也会使绝缘材料和金属材料产生气化现象。这些现象在短时间内会造成隔室内和柜内压力骤升，如果开关柜未能及时泄压，将导致开关柜无法承受内部压力而发生爆炸，对周围设备及工作人员造成伤害。

开关柜内的封闭环境使得内外热量传导不畅，目前开关柜都设有泄压装置且种类繁多，部分产品虽然能满足内部电弧发生时快速泄压，能保证碎片和单个质量 60g 及以上的部件不飞出，但其散热效果差，尤其在桥架内因为桥架距离长、空间大，其设备散热需求很高，而随着目前电网负荷不断提高，流过桥架内母线的电流也有增高的趋势，大电流带来的热效应使得桥架的散热问题格外突出。鱼鳞板防爆窗能够在维持防爆等级的基础上增强空气流通，从而增强桥架的散热功能，是高质量开关柜必不可少的结构。

（三）优化措施

对开关室母线桥架未安装防爆窗口的，优先对开关室进出线桥架每隔3m 加装一个鱼鳞板防爆窗，如图 4-24 所示。防爆窗尺寸宽度一般 50cm，

长即桥架宽度；鱼鳞蜂窝状的网孔要求
小于 1mm，满足 IP4X 要求。

八、小母线应采用阻燃电缆或加装小母线隔板

（一）差异内容

开关柜小母线应采用阻燃电缆或加
装小母线隔板，部分制造厂开关柜小母
线未采用阻燃电缆或未加小母线隔板，
如果小母线发生火灾则易引起事故扩
大化。

图 4-24　加装鱼鳞防爆板

（二）分析解释

开关柜柜顶小母线分为直流小母线和交流小母线，它们为开关柜提供
测量、计量及保护装置电源。若小母线采用裸母线且未加装隔板，如果有
异物进入则易导致小母线短路；而且直流母线的短路电流电弧没有自然过
零点，难以熄灭，易引起火灾事故。因此，小母线应采用阻燃电缆，或在
相邻母线之间加装绝缘隔板。

（三）优化措施

在设计联络会纪要中应予以明确，验收时若发现不满足要求，应要求
制造厂按此规定整改，图 4-25 所示为加装小母线绝缘隔板。

图 4-25　加装小母线绝缘隔板

任务三 开关柜安装

≫【任务描述】

开关柜的安装工艺是保证开关柜正常运行的关键因素。本任务主要讲解开关柜安装过程中各项标准工艺在运检与基建方面的差异化内容。

≫【技术要领】

一、接地开关要求两侧接地，单侧接地排截面积不小于 120mm²

（一）差异内容

开关柜接地开关应两侧接地（两点接地），单侧接地排截面积不小于 120mm²。部分制造厂开关柜接地开关不满足两侧接地要求或接地排截面积不足。

（二）分析解释

为保证接地可靠性，接地开关应两侧接地（两点接地），且单侧接地排截面积不小于 120mm²，如图 4-26 所示。

图 4-26 开关柜接地开关应两侧接地

（三）优化措施

在设计联络会纪要中应予以明确，在厂内验收时若发现不满足该条件，应强制制造厂按此要求整改。

二、10kV 开关柜后柜门固定方式应采用铰链固定

（一）差异内容

10kV 开关柜后柜门固定方式应采用铰链固定，以便于运行操作；但部分制造厂开关柜后柜门仍采用螺丝固定。

（二）分析解释

运行人员停电操作时有时打开开关柜后柜门，若后柜门仍采用螺丝固定，则需松开所有固定螺丝才能打开后柜门，使得操作繁琐且工作量较大。若后柜门一侧采用铰链固定（见图 4-27），则无需拆除全部螺丝，柜门即可打开，工作量较少。

图 4-27　采用铰链固定的后柜门

采用螺丝固定的后柜门，在安装与拆除时都容易出现螺丝与螺孔未完全对正、螺丝难以拧动的情况，强行装拆易导致滑牙；拆下后柜门后还需将柜门搬运至其他位置，避免影响工作。而采用铰链固定的后柜门则无上述缺陷，便于检修维护。

（三）优化措施

在设计联络会纪要中应予以明确，在厂内验收时若发现后柜门未采用铰链固定，应强制制造厂按此要求整改。

三、开关柜电缆搭接处距离柜底应大于 700mm，采用双孔搭接

（一）差异内容

《十八项反事故措施》第 12.4.2.3 条规定："柜内母线、电缆端子等不应使用单螺栓连接。导体安装时螺栓可靠紧固，力矩符合要求。"第 12.4.1.11 条规定"电缆连接端子距离开关柜底部应不小于 700mm。"但部分制造厂电缆搭接仍采用单孔连接，电缆搭接处距离开关柜底部低于 700mm。

（二）分析解释

开关柜电缆搭接处距离柜底应大于 700mm，保证电缆安装后伞裙部分高于柜底板，不被柜底板分开；同时保持电缆室的密封性能，防止小动物进入造成短路故障或设备损伤。

为保证电缆搭接可靠，电缆搭接排不得采用单螺栓连接，而是要求采用双孔 2-φ13、上下布置，孔边距 40mm，孔边距搭接排边缘大于 20mm。

（三）优化措施

在设计联络会纪要中应予以明确，在厂内验收时若发现不满足该条件，应强制制造厂执行此规定。

四、开关柜内安装的零序电流互感器应采用开合式结构

（一）差异内容

零序电流互感器应安装在开关柜内，采用开合式结构。部分制造厂未采用开合式结构，导致安装难度较大，在穿电缆过程中可能对电缆及伞裙造成损伤。

（二）分析解释

零序电流互感器用于检测穿过互感器的主回路上的不平衡电流。如图 4-28 所示，安装时将三相电缆一起穿过零序电流互感器，当三相负荷平衡时，零序

电流值为 0；当某一项发生接地故障时，产生一个单相接地故障电流，此时检测到的零序电流等于三相不平衡电流与单相接地电流的矢量和。

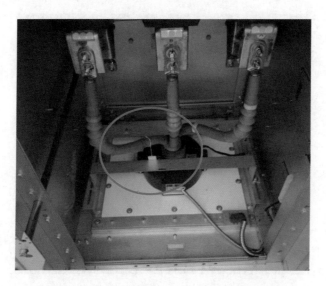

图 4-28　开关柜内零序电流互感器安装结构图

　　零序电流互感器应安装在柜内，并有可靠的支架固定。从安装和检修方面考虑，整体式零序电流互感器安装时穿电缆过程中可能对电缆及伞裙造成损伤，在检修更换时必须重新制作电缆头，增加了检修难度及工作量，因此应尽量选用开合式结构。

（三）优化措施

　　在设计联络会纪要中应予以明确，在厂内验收时若发现零序电流互感器不是开合式结构，应要求制造厂选用开合式零序电流互感器。

五、大电流开关柜的动、静触头应用 4 个或以上螺栓固定

（一）差异内容

　　大电流开关柜的动、静触头应用 4 个或以上螺栓固定，但部分制造厂的产品仅用一个固定螺栓，如图 4-29 所示。

（二）分析解释

　　大电流开关柜的动、静触头应用 4 个或以上螺栓固定，一方面是可保证触头与母排接触的可靠性，降低接触面回路电阻值，减少大电流经过时引起的触头发热，同时防止由于开关动作震动导致螺栓松动造成的触头移位。

图 4-29　用一个螺栓固定静触头

（三）优化措施

在设计联络会纪要中应予以明确，验收时要求制造厂在安装大电流开关柜的动、静触头时，采用 4 个或以上螺栓固定的方式，如图 4-30 所示。

图 4-30　用 5 个螺栓固定静触头

六、柜内二次线固定采用金属材料固定

(一)差异内容

二次线缆固定采用带塑料保护层的专用金属扎丝,其截面积不小于 0.5mm^2,严禁采用吸盘、不干胶等固定方式。但部分制造厂仍使用塑料绝缘扎带绑扎,如图 4-31 所示。

图 4-31 二次线固定采用塑料材质的绝缘扎带

(二)分析解释

为防止开关柜柜内二次线散落触及带电导体,需对二次线采取固定措施。部分制造厂为节约成本,采用塑料材质的绝缘扎带进行绑扎固定。由于塑料绝缘扎带易老化,运行时间长后容易劣化脱落导致二次线失去固定,存在安全隐患,因此需采用金属材料固定二次线。

(三)优化措施

在设计联络会纪要中应予以明确,在厂内验收时若发现制造厂仍使用塑料扎丝,应要求制造厂更换为金属扎丝。

七、大电流开关柜应安装排风冷却装置，柜顶风机应满足不停电更换的安装方式

（一）差异内容

大电流柜应安装排风冷却装置，柜顶排风扇应满足不停电更换的安装方式。部分制造厂开关柜的风机拆除后无护网保护，运行中不可以拆除，不可带电更换（见图 4-32），导致当风机发生故障时，检修人员难以及时带电消除故障，造成设备停电。

图 4-32　风机不可带电更换

（二）分析解释

金属封闭式开关设备运行时，因柜内发热元器件比较多，温升过高会引起设备的机械性能和电气性能下降，最后导致高压电器的工作故障，甚至造成严重事故。因此，必须将柜内温升控制在标准规定的允许温度内，在开关柜结构设计中要考虑散热和通风设计。对流散热是开关柜散热的主要途径，在大电流柜的柜内、柜顶安装风机，以强制对流的方式带走柜内热量，控制柜内温升。

由于风机安装数量较多，运行时间往往较长，故障率相对较高，考虑到便于对故障风机进行检修，因此要求柜顶风机应满足不停电更换的安装

方式，避免因风机故障导致不必要的停电。

　　如图 4-33 所示，风机底部通过蜂窝状隔板与开关柜隔室隔开且不影响空气流通，更换风机时只需打开风机顶部盖板，无触及开关柜内带电部分的可能，因此可以带电更换风机。

图 4-33　可带电更换的柜顶风机

（三）优化措施

　　在设计联络会纪要中应予以明确，在厂内验收时若发现开关柜风机不满足该条件，应强制制造厂执行此规定，采取可不停电更换风机的安装方式，如图 4-34 所示。

图 4-34　风机拆除后有护网保护，运行中可以拆除，可带电更换

八、大电流开关柜应加装风机，风机应具备自动和手动启动功能，自动启动时采用电流或温度控制

（一）差异内容

大电流开关柜应加装风机，风机应具备自动和手动启动功能，自动启动时采用电流或温度控制，当电流达到额定值的60%或者温度达到50℃时自动启动，电流达到额定值的50%或者40℃时返回。目前部分开关柜制造厂风机仍不具备自动启动功能。

（二）分析解释

大电流开关柜指的是额定电流2500A及以上的主变压器进线柜和母线联络柜，它们运行时的电流大，对散热的需求高。采用风机来强制提高柜内冷却空气的流速，对开关柜的安全可靠运行有重要的作用。目前常见的风机控制方式有：手动控制、温度达到某一设定值时启动风机、电流达到某一设定值时启动风机。由于手动控制准确性低，若是保持风机长时间运行又会减少风机寿命，导致风机故障率增加，因此单纯的手动控制不能满足开关柜安全稳定运行要求，而是要求风机增加自动启动的功能，使其同时具备手动启动和自动启动两种运行模式，如图4-35所示。

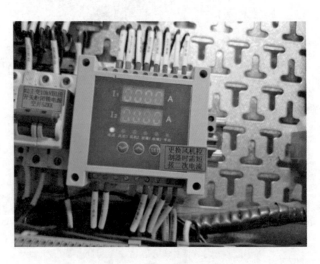

图4-35 加装风机控制器

（三）优化措施

在设计联络会纪要中应予以明确，在厂内验收时若发现风机不具备自启动功能，应要求制造厂按此规定整改。

九、开关手车操作孔、开关柜柜门（把手）、接地开关应有明显标志和防误操作功能

（一）差异内容

开关手车操作孔、开关柜柜门（把手）、接地开关应加装挡片，具备挂机械编码锁条件，手车操作孔、接地开关操作孔旁应有明确的标识、位置指示和操作方向指示。部分制造厂开关柜的手车操作孔、接地开关操作孔旁无明确标识、位置指示和操作方向指示，导致运行人员可能误操作造成设备损坏，严重时将引发安全事故。

（二）分析解释

开关柜手车、柜门、接地开关的联锁应满足：

（1）手车在工作位置时，接地开关无法合闸。

（2）接地开关在合闸位置时，手车无法从试验位置摇至工作位置。

（3）开关柜柜门打开时，手车无法摇至工作位置。

（4）手车在工作或中间位置时，柜门无法打开。

（5）接地开关在分闸位置时，电缆室柜门无法打开。

（6）电缆室柜门打开时，接地开关无法操作。

开关柜的手车操作孔、开关柜柜门（把手）、接地开关应加装挡片，使其具备挂机械编码锁条件，同时在手车操作孔、接地开关操作孔旁设置明确的标识，指示当前位置指示和操作方向（见图 4-36），有利于减小运行人员误操作的可能，提高作业安全。

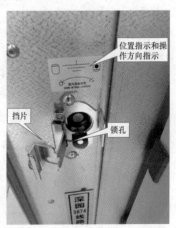

图 4-36 接地开关操作孔挡板及标识

（三）优化措施

在设计联络会纪要中应予以明确，在厂内验收时若发现不满足该条件，应要求制造厂按此规定整改。

十、非典型柜需由制造厂提供三维内部结构示意图，并粘贴于后柜门上

（一）差异内容

非典型柜（如主变压器进线柜、电压互感器避雷器柜、分段开关柜、分段隔离柜）需由制造厂提供三维内部结构示意图，并粘贴后柜门上。部分制造厂未提供内部示意图，作业人员在对内部布置结构不清楚的情况下可能误开后柜门，触碰带电设备，造成人身事故。

（二）分析解释

非典型柜（如主变压器进线柜、电压互感器避雷器柜、分段开关柜、分段隔离柜）内部结构与普通出线柜不同，在后柜门上粘贴内部三维结构图，一是安装时便于施工单位按照结构图正确安装母线，二是停电检修时便于工作人员判断区分停电部位与带电部位，防止误入带电间隔。非典型柜的三维示意图见图 4-37。

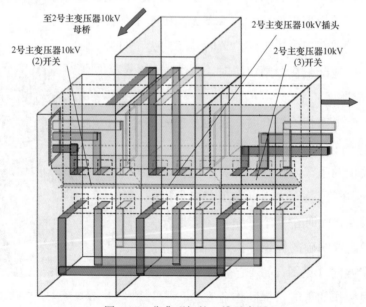

图 4-37　非典型柜的三维示意图

(三) 优化措施

在设计联络会纪要中应予以明确，在厂内验收时若发现非典型柜无三维结构示意图，应要求制造厂按此规定补充，如图 4-38 所示。

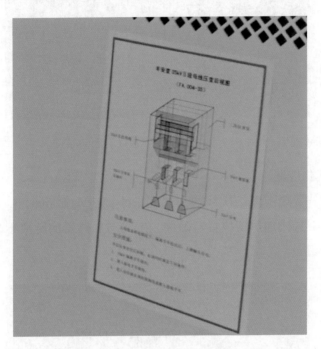

图 4-38　在非典型柜后粘贴三维结构示意图

十一、二次线与加热器的距离至少为 50mm

(一) 差异内容

开关柜内二次线与加热器的距离应至少为 50mm，部分开关柜内加热器与柜内二次线的距离低于 50mm（见图 4-39），加热器工作过程中可能将二次线烧毁。

(二) 分析解释

为驱除开关柜内的潮气，柜内需加装加热器，加热器运行时产生一定的热量，因此规定开关柜内二次线与加热器的距离应至少为 50mm，防止加热器将附近的二次线烧毁造成故障。

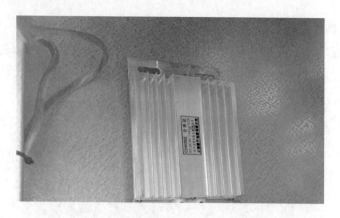

图 4-39 加热器距离二次线不足 50mm

（三）优化措施

验收时若发现柜内二次线与加热器的距离少于 50mm，应要求制造厂调整二次线布置或加热器位置，确保二次线与加热器的距离不少于 50mm，如图 4-40 所示。

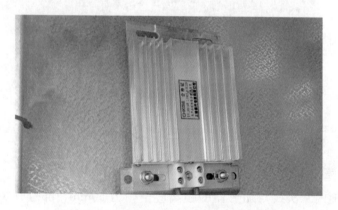

图 4-40 加热器距离二次线超过 50mm

十二、开关柜防误电源应独立，不与照明电源等合用开断设备

（一）差异内容

开关柜防误装置电源应独立，不与柜内照明设备共用一个开断设备。而部分制造厂开关柜的防误装置与柜内照明装置合用一个开断设备，如

图 4-41 所示。

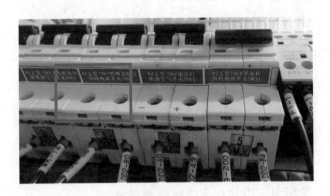

图 4-41 闭锁回路与照明回路使用同一个空气开关

（二）分析解释

开关柜防误装置是确保设备和人身安全、防止误操作的重要措施，其主要功能有：防止误分、合断路器；防止带负荷分、合隔离开关；防止带电挂（合）接地线（接地开关）；防止带接地线（接地开关）合断路器（隔离开关）；防止误入带电间隔。

这五个功能是保证人身、电网、设备安全的基础，防误闭锁装置若不可靠则有可能导致误入带电间隔、带地线合闸、带电合接地开关（地线）等误操作事故，并有可能造成事故范围扩大、恢复送电时间延长、负荷损失加大、事故定级增高等一系列更加严重的后果。

防误装置与柜内照明装置合用一个开断设备，即将防误操作装置与照明、加热等回路绑定。因为照明、加热等回路的可靠性较低，容易发生故障而引起空气开关跳闸，导致防误装置失电，所以为了提高开关柜防误装置的稳定性，开关柜防误装置需设有独立的工作电源。

（三）优化措施

在设计中，应采用防误装置与照明装置各自配置一个开断设备的设计，如图 4-42 所示。对于运行中的设备，开关柜防误电源与照明电源等合用开断设备的，应结合停电进行改造。

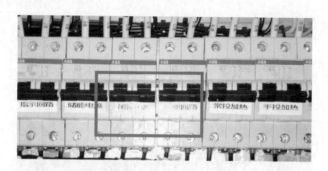

图 4-42 闭锁回路与照明回路分开设置

十三、开关柜电缆进线仓应进行防潮封堵

(一)差异内容

开关柜电缆进线仓应进行防潮封堵,以防止电缆沟内的水分入侵开关柜。大多数设计和施工单位并无此规定,仅进行防火封堵,如图 4-43 所示。

图 4-43 仅进行防火封堵

(二)分析解释

开关柜是一个相对封闭的设备,湿度偏大会引起开关柜内部设备表面凝露(见图 4-44),降低柜内的绝缘水平,影响绝缘材料寿命,并加速电化

学腐蚀（见图 4-45），严重者甚至会引起放电，引发短路故障。

图 4-44　开关柜内湿度过高引起母排表面凝露

图 4-45　湿度过高加快电化学腐蚀，导致触头表面氧化（铜绿）

　　开关柜内水分入侵途径主要有从开关室入侵和从电缆沟入侵。因此从以下两个方面控制开关柜内湿度：①控制开关室的湿度，开关室的湿度是可控的，只需要安装除湿机或空调即可；②控制水分从电缆沟入侵，即做好电缆进线处的防潮封堵，若开关柜电缆进线底封堵不严，将导致水分入侵开关柜内部，导致柜体内湿度偏大。

过去电缆进线处的封堵目的是为了防火，采用防火泥进行封堵。防火泥封堵后必然会留下间隙，而水分子的体积小，能够通过防火封堵的间隙，因此需要用其他封堵材料来实现防潮。

目前较为适用的防潮封堵材料为高分子发泡胶。发泡胶调和完成时为液态，使用时将液态发泡胶倒在电缆进线仓底部，由于发泡胶是流动的，它将自动填补所有防火封堵留下缝隙。一段时间后发泡胶发泡固化，所有缝隙都被填补使得水分潮气无法入侵，从而达到防潮的效果，如图 4-46 所示。

图 4-46　使用发泡胶进行防潮封堵

（三）优化措施

对新安装完成的全封闭开关柜电缆进线处进行防潮封堵，防止电缆沟水分入侵开关柜。

十四、开关柜动、静触头的插入深度应为 15～25mm

（一）差异内容

开关柜动、静触头的插入深度应为 15～25mm。而施工单位在安装时对动静触头插入深度的调整较为随意。

（二）分析解释

插入深度是保证开关柜动、静触头有效接触的关键。如动触头插入深度不够而虚接触，会使触头接触电阻增大、运行温度升高，再导致触头表面氧化加速、接触电阻增大。如此恶行循环，最后导致触头损坏，甚至发生短路故障，引发开关发生爆炸导致火灾，造成大范围停电的重大损失。因此，插入深度是保证隔离触头可靠接触的关键。

另外，如果插入深度过大，动、静触头将互相顶到，顶到后触头杆受力引起变形，并形成微小的缝隙，电场不均匀导致放电损坏镀银层。因此动、静触头的插入深度应合适，15～25mm 的深度既可以保证接触良好又不至于使动、静触头顶到。图 4-47 所示为动、静触头插入深度 L 示意图。

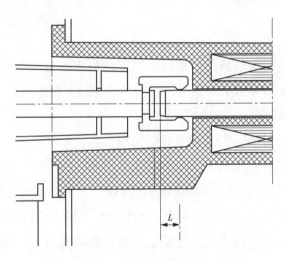

图 4-47　动、静触头插入深度 L 示意图

测量接触深度可以采用痕迹法。首先在动触头上涂抹凡士林润滑脂，并将静触头清洗干净，然后将开关小车摇到位后使动、静触头啮合，此时静触头表面会出现微小的划痕，将小车摇出后检查静触头，划痕的长度就是插入深度，如图 4-48 所示。

（三）优化措施

测量动、静触头的插入深度，更换插入深度不合格的静触头。

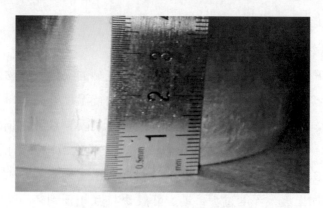

图 4-48　痕迹法检测插入深度

十五、开关柜断路器室的活门、柜后母线室封板应标有母线侧、线路侧等识别字样

（一）差异内容

开关柜断路器室的活门、柜后母线室封板应标有母线侧、线路侧等识别字样，防止运行检修人员误开带电侧活门。而部分制造厂并无此设计。

（二）分析解释

开关柜是全封闭结构，其内部结构不直观，检修时需要打开活门封板进行检查，而此时若母线侧和线路侧有一侧带电，就容易误触带电部位。尤其是主变压器进线开关柜，由于其比普通开关柜多了一个顶部进线桥架，在检修中非常容易误开母线室封板。曾经发生过多起误触开关柜带电部位引起的人身事故，血的教训令开关柜的制造者和使用者们不断想办法降低误触带电部位的可能。

设置警示标志是行之有效的措施之一。在容易误触带电部位的活门和封板上设置母线侧、线路侧标签，能够有效避免带电部位事故的发生。

（三）优化措施

开关柜断路器室的活门应标有"母线侧""线路侧"等识别字样（见图 4-49），在柜后母线室封板应标有"母线带电　严禁拆开"等警示标语（见图 4-50）。

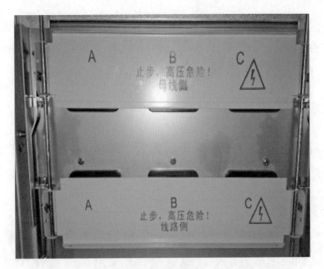

图 4-49 断路器仓内的"母线侧""线路侧"标志

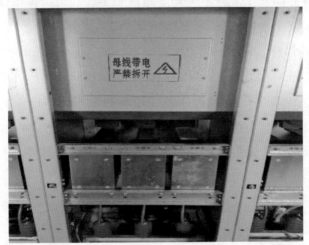

图 4-50 柜后母线室封板上的"母线带电 严禁拆开"标志

任务四 开关柜试验

≫【任务描述】

开关柜试验用于检验开关柜本身及柜内设备在制造、运输和安装后性能特性和绝缘特性是否符合规程、施工设计及技术要求，以确保开关柜本身及柜内设备安全、可靠地投入运行。本任务主要讲解开关柜试验在运检与基建工艺方面的差异化内容。

》【技术要领】

一、柜内的绝缘件（如绝缘子、套管、隔板和触头盒等）应采用阻燃绝缘材料，并提供柜内绝缘件的老化试验报告和凝露试验报告

（一）差异内容

柜内的绝缘件（如绝缘子、套管、隔板和触头盒等）应采用阻燃绝缘材料，并提供柜内绝缘件的老化试验报告和凝露试验报告。部分制造厂未提供柜内绝缘件的老化试验报告和凝露试验报告，柜内导体绝缘护套未提供相应的型式试验报告。

（二）分析解释

依据 GB 3906—2020《3.6kV～40.5kV 交流金属封闭开关设备和控制设备》和 DL/T 593—2016《高压开关设备和控制设备标准的共用技术要求》的有关要求，开关柜内的绝缘件（如绝缘子、套管、隔板和触头盒等）严禁采用酚醛树脂、聚氯乙烯及聚碳酸酯等有机绝缘材料，应采用阻燃绝缘材料，并要求提供柜内绝缘件的老化试验报告。

（三）优化措施

在设计联络会纪要中应予以明确，验收时要求制造厂提供柜内绝缘件的老化试验报告和凝露试验报告、柜内导体绝缘护套的型式试验报告。

二、用于开合电容器组的真空断路器必须通过开合电容器组的型式试验并应提供老炼试验报告

（一）差异内容

《十八项反事故措施》第 12.1.1.2 条规定："投切并联电容器、交流滤波器用断路器型式试验项目必须包含投切电容器组试验，断路器必须选用C2 级断路器。真空断路器灭弧室出厂前应逐台进行老炼试验，并提供老炼试验报告；用于投切并联电容器的真空断路器出厂前应整台进行老炼试验，并提供老炼试验报告。"但制造厂往往未提供由具有试验资质的第三方出具的断路器整体老炼试验报告。

（二）分析解释

7.2～40.5kV 系统中大量使用真空断路器开合电容器组，如果其真空灭弧室内有未被金属屏蔽罩复合的带电粒子或金属蒸汽残余进入触头之间，或触头表面存在加工残留的金属微粒、微观突出物、附着物等，当真空断路器开断电容器组时，若首开相断口两端达到 2.5 倍相电压，上述微粒轰击电极表面而引起金属蒸发，产生电荷迁移，引起触头间绝缘击穿（重燃）。特别是发生多相同时击穿或多次击穿时，将在电容器等设备上产生很高的过电压，对地过电压可达 5 倍以上，电容器极间过电压达 2～3 倍，对并联补偿装置和电力系统安全运行造成很大的威胁。

C1 级断路器开断容性电流时具有小概率重击穿；C2 级断路器开断容性电流时具有极小重击穿概率。用于开合电容器组的真空断路器必须通过开合电容器组的型式试验，应满足 C2 级的要求。

12kV 和 40.5kV 真空断路器的早期重燃率一般约为 1.0％ 和 4.0％，通过老炼试验能够有效消除真空断路器的早期重燃，也能有效降低真空断路器实际运行期间的重燃率。

老炼试验是通过一定的工艺处理，消除灭弧室内部的毛刺、金属和非金属微粒及各种污秽物，改善触头的表面状况，使真空间隙耐电强度大幅提高；还可改变触头表面的晶格结构，降低冷焊力，增加材料的韧性，使触头材料更不容易产生脱落，大大降低真空灭弧室的重燃率。因此，用于开合电容器组的真空断路器投运前必须进行高压大电流老炼试验。

（三）优化措施

在设计联络会纪要中应予以明确，用于开合电容器组的真空断路器必须通过开合电容器组的型式试验，满足 C2 级的要求，并应提供具有试验资质的第三方出具的断路器整体老炼试验报告。验收时应明确要求制造厂提供该试验报告。

三、开关柜制造厂应提供触头镀银层检测报告

（一）差异内容

开关柜制造厂应提供触头镀银层检测报告，作为触头镀银层合格依据；《十八项反事故措施》第 12.4.1.12 条规定："开关柜内母线搭接面、隔离开关触头、手车触头表面应镀银，且镀银层厚度不小于 $8\mu m$。"但部分制造厂的触头镀银层厚度不足，并且未提供此报告。

（二）分析解释

为了使高压开关柜可靠运行，降低开关触头发热，静触头和梅花触头铜件表面需进行镀银处理，镀层达到一定厚度时可提高接触点的导电能力和抗氧化能力。

若开关柜的触头不进行镀银，新投运时的影响可能并不明显。但随着运行时间的增加，触头表面发生氧化和电化学腐蚀，触头的接触电阻增大；随着用电负荷的增大，触头承载电流也在增大。电阻和电流增大后触头将产生发热，严重的将影响设备寿命，甚至发生短路故障引起开关柜爆炸。图 4-51 所示为未进行镀银处理的触头。因此，目前所有开关触头均需要进行镀银，但由于镀银的成本昂贵，部分制造厂为了节约成本，采用了镀银层厚度不足的触头。镀银层厚度不足的触头在投运初期同样不会对设备造成明显的影响，但随着开关触头操作次数的增加，触头间反复摩擦，镀银厚度缓慢变薄，最终使触头的铜材质裸露，引起发热。图 4-52 所示为对触头进行检测时发现镀银层厚度不足。

为了督促制造厂提高镀银层质量，《十八项反事故措施》第 12.4.1.12 条做了相关规定。同时，验收时对每台开关每个触头进行检测是不现实的，因此需制造厂提供第三方触头镀银层检测报告作为验收依据。

（三）优化措施

督促制造厂提高镀银层质量，镀银层厚度不小于 $8\mu m$。同时提供第三方出具的镀银层检测报告，在厂内验收时若发现无镀银层检测报告，应要求制造厂补充该报告。

图 4-51 未镀银触头

图 4-52 测量镀银层厚度不足

四、开关柜应做母线至出线整体回路的电阻测试

(一) 差异内容

开关柜安装时应保证各个接触面回路电阻符合要求。但施工单位往往只提供断路器的回路电阻测试报告，对母线至出线之间的各接触面回路电阻值未进行测量。

（二）分析解释

随着社会经济的发展，供电负荷逐年增加，各类开关柜过热问题凸显，尤其是 10kV 开关柜，因其自身结构原因，柜体采用封闭结构，产生的热量无法及时排出，柜内热量的积累及触头部位的持续发热，极易造成绝缘件的绝缘水平降低，最终造成短路、击穿。此前公司范围内已发生多起因过热造成的开关柜燃烧、爆炸事件。特别是大电流开关柜，在高温高负荷期间，过热问题较普遍，出线柜则更为严重。

从对开关柜过热的巡查情况来看，发现开关柜过热主要集中在触头发热上，出现如图 4-53 所示的触头严重过热变形会导致烧坏脱落。因此，确保动、静触头接触可靠、接触电阻合格对于避免开关柜过热有着重要的意义。而当开关柜手车在工作位置时，触头的接触电阻难以直接测量，需采取测量母线至出线整体的回路电阻来间接判断动、静触头接触是否可靠。因此，要求开关柜安装后施工单位应提供母线至出线之间的整体回路电阻值测试报告，可以有效提高验收效率及验收质量。

图 4-53　触头严重过热导致烧坏脱落

（三）优化措施

要求施工单位测试开关柜从母线至出线整体回路的电阻值，如图 4-54 所示，并提供相应试验报告。

图 4-54　做母线至出线整体回路的电阻测试

任务五　开　关　室

》【任务描述】

开关室作为开关柜运行的场所，需要在环境温度、湿度等方面为保障开关柜安全稳定运行提供优良的条件。本任务主要讲解开关室各项功能在运检与基建方面上的差异化内容。

》【技术要领】

一、开关室沿墙预留接地扁铁

（一）差异内容

新建变电站未沿墙预留足够的接地扁铁（见图 4-55），导致日常运维工作中部分需进行接地的工作场景存在一定的操作困难。

（二）分析解释

通常操作接地线的接地端需要布置在开关柜外，因此开关室内沿墙预留足够长度的接地扁铁是日常运维工作的必要。

图 4-55　未预留足够的接地扁铁

（三）优化措施

开关室沿墙预留接地扁铁（见图 4-56），位置位于开关柜后或其他合适的位置。

图 4-56　开关室沿墙预留接地扁铁

二、避免采用开关柜前布置电缆沟的设计

(一) 差异内容

开关柜前布置电缆沟，影响正常的倒闸操作。部分工程开关室中间布置电缆沟的盖板型号未采用高强度、平整盖板（见图 4-57），验收时发现有手车倾覆的风险。

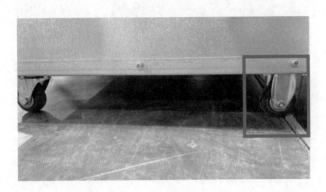

图 4-57   开关室内电缆盖板不平整

(二) 分析解释

开关柜前布置电缆沟，会使操作通道存在安全隐患。电缆沟盖板长期承受手车路过时的冲击、有手车倾覆或掉入电缆沟的风险。

(三) 优化措施

避免采用开关柜前布置电缆沟的设计。

三、开关室通风口避免设置在带电设备的上方

(一) 差异内容

部分工程开关室通风口设计不合理，通风口在带电设备上方（见图 4-58），后期整改难度大。

(二) 分析解释

开关室通风口设计不合理，设置在带电设备的上方，有引起设备进水的风险。

图 4-58　开关室通风口设计不合理

（三）优化措施

开关室通风口避免设置在带电设备，如主变压器侧进线桥架或母线桥架的上方。

项目五

变压器运检
与基建工法
差异解析

≫【项目描述】

　　变压器是根据电磁感应的原理，将某一等级的交流电压和电流转换成同频率的另一等级电压和电流，通过变换交流电压和电流来传输交流电能的一种静止的电器设备，是电力系统的必要设备。变压器组成部件包括器身（铁芯、绕组、绝缘、引线）、变压器油、油箱和冷却装置、调压装置、保护装置（吸湿器、安全气道、气体继电器、储油柜及测温装置等）和出线套管等。本项目从变压器的运输、场地、安装及试验方面，介绍了变压器在基建与运检过程中的工法差异；通过具体案例及相关分析，使基建、运行、检修人员掌握差异的具体表现及优化措施。

任务一　变压器运输

≫【任务描述】

　　电力变压器，尤其是特高压，在运输过程中的速度、加速度、倾斜度及内部气体压力等是影响其运输安全的关键参数，加速度值可用安装在变压器上的三维冲撞记录仪来记录。本任务主要讲解变压器的运输要求在运检与基建工艺方面的差异化内容，并提出消除差异的优化措施。

≫【技术要领】

新变压器就位应有三维冲撞记录

（一）差异内容

　　部分新变压器就位后，基建施工单位未保存变压器三维冲撞记录，不符合《国家电网公司变电验收通用管理规定　第 1 分册　油浸式变压器（电抗器）验收细则》的规定："设备在运输及就位过程中受到的冲击值，应符合制造厂规定或小于 $3g$"。

（二）分析解释

变压器从制造完成到安装现场，中间要经过长途的运输。为了监测变压器在运输过程中是否遭受到大的冲击和振动，应在变压器上安装三维冲撞记录仪。变压器运输过程中，记录仪固定在变压器本体上，记录变压器运输及安装过程中受到的冲击力及对应的时间，如图 5-1 所示。变压器本体在变电站内就位后（卸车后），方可查询记录仪。如果记录仪显示冲击值大于制造厂规定或 $3g$，则需要对变压器进行吊心（吊罩）检查，密封式油箱变压器则要返厂检修。

（三）优化措施

新变压器就位后，基建施工单位应保存变压器三维冲撞记录备查。

图 5-1 变压器运输三维冲撞记录

任务二 变压器安装场地

≫【任务描述】

市区内新建变电站为了减少土地成本，降低设备风险，兼顾城市美观，开始逐渐采用全户内化设计。相比变压器户外布置，户内的变压器场地在检修便利性方面有着更高的要求。本任务讲解户内变压器安装场地要求在运检与基建工艺方面的差异化内容，并解析相关优化措施。

>> **【技术要领】**

一、户内变压器应采用大门设计

(一) 差异内容

部分户内主变压器在设计、施工阶段未充分考虑主变压器后期检修、吊装等工作，主变压器室的门采用小门设计，导致升高车、吊机等大型机械无法作业，后期检修工作开展困难。

(二) 分析解释

如果全户内变电站主变压器室采用小门设计（见图 5-2），会导致升高车、吊机等机械无法作业。套管头等较高部位检修需在室内搭设脚手架进行工作，加大了检修人员安全风险。如果需要进行吊装作业，需要将整墙拆除，费时费力。

图 5-2　主变压器室采用小门设计

(三) 优化措施

运用新设计时，要充分考虑后期检修工作的开展。将小门改为能够完全打开的大门，如图 5-3 所示。

图 5-3　室内变压器场地采用大门设计

二、户内变压器应充分考虑高空作业及吊装条件

(一)差异内容

部分户内主变压器的导线搭接面位置较高,无法采用常规的检修方法。

(二)分析解释

新建变电站采用户内化设计是近年来的设计趋势,但是新设计也有一些不成熟的地方,如初期设计对检修工作考虑较少。某全户内 220kV 变电站在主变压器安装过程中,部分导线的搭接面位置较高且靠近室内侧。在主变压器安装的基建过程中,施工人员可以通过升高车到达该位置进行搭接等工作。但是在主变压器安装完成后,进行消防系统安装时,消防管道阻挡了空间,导致进行检修工作时升高车无法到达上述导线搭接部位。又因主变压器油池铺满鹅卵石(见图 5-4),搭接脚手架到达该位置的风险较大,且耗时耗力。

(三)优化措施

在设计初期要考虑到主变压器导线搭接面的位置,方便后续检修工作的开展。

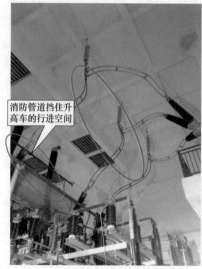

(a) 消防管道挡住升高车的行进空间   (b) 场地内高低不平, 脚手架搭接与移动困难

图 5-4　主变压器场地环境对高处作业产生不良影响

任务三　变压器本体

≫【任务描述】

油浸式变压器的本体包括变压器的油箱以及内部的变压器器身, 油箱内注满变压器油, 作为变压器的绝缘和冷却介质。本任务主要从变压器油的相关工艺以及变压器本体接地措施两个方面, 讲解变压器本体安装在基建与运检中的工法差异, 并提出相关优化措施。

≫【技术要领】

一、主变压器各阀门标明开断标识

(一) 差异内容

部分主变压器上各个阀门无开断标识 (见图 5-5), 无法直接观察阀门开闭情况, 可能会导致阀门开闭情况错误, 不符合《国家电网公司变电验

图 5-5　阀门指示不清晰，阀门无明确指示开闭位置的标志

收通用管理规定　第 1 分册　油浸式变压器（电抗器）验收细则》中的规定："变压器阀门操作灵活，开闭位置正确，阀门接合处无渗漏油现象"。

（二）分析解释

主变压器上的各段油路之间通过阀门进行开断。为了保证主变压器的安全稳定运行，主变压器有多个阀门需要保持开启。例如，为了保证主变压器散热效果，主变压器油箱与散热片连接处的阀门需保持打开；为了保持主变压器油箱中的变压器油处于满充状态，并使油温变化时油箱压力保持稳定，主变压器储油柜至主导油管处的阀门需要保持打开；为了使有载开关油循环畅通，有载开关在线滤油装置两侧阀门需要保持打开。另外，为了避免一些不必要的渗油以及检修时防止喷油，需要对一些阀门保持开闭。例如，主变压器放油阀需要保持关闭，减少密封法兰处的渗油几率，防止检修工作拆开法兰时因阀门未关而造成喷油。

如果阀门上无开断标识，就无法直接观察到主变压器上各个阀门的开断情况，特别是在主变压器带电的情况下。因此，为了保证主变压器的安全稳定运行，有效观察主变压器上各个阀门开断情况，需要对主变压器的各个阀门标明开断标识。

（三）优化措施

在主变压器的各个阀门上标注开断标识，检查确认各个阀门的开断情况，如图 5-6 所示。

图 5-6　阀门应处在关闭和开启位置且开闭标志清晰

二、主变压器铁芯、夹件接地采用软连接

（一）差异内容

部分主变压器的铁芯、夹件接地未采用软连接（见图 5-7），可能会导致支持绝缘子开裂，严重时会导致铁芯、夹件引出绝缘子处渗油。

（二）分析解释

主变压器的铁芯、夹件一般采用铜排分别引出接地。随着环境温度的影响，铜排会出现热胀冷缩现象。此时，铁芯、夹件接地采用完全的硬连接，会产生对引出绝缘子和支持绝缘子的拉力，导致引出绝缘子处渗油或者支持绝缘子开裂。

（三）优化措施

主变压器铁芯、夹件接地应采用软连接，如图 5-8 所示。

若不采用软连接，铁芯、夹件接地的支持绝缘子可能会因为铜排的热胀冷缩而导致开裂

图 5-7　铁芯、夹件接地未采用软连接

图 5-8　铁芯、夹件接地采用软连接

三、主变压器放油阀应安装特高频局部放电探头

（一）差异内容

部分新主变压器未在中下部放油阀处预留特高频局部放电探头，导致后期无法进行特高频局部放电试验。

（二）分析解释

变压器在运行过程中在电场作用下，只有部分区域发生放电，而没有贯穿施加电压的导体之间，这种现象称为局部放电。局部电场畸变、局部场强集中，从而导致绝缘介质局部范围内的气体放电或击穿，形成了局部放电。局部放电往往是电气设备绝缘劣化的前期表现，通过对局部放电的检测可以实现对变压器绝缘状态的准确把握。局部放电过程中会产生一系列的光、声、电气和机械振动等变化，利用特高频监测技术可以减少现场环境的干扰而检测到局部放电信息。

目前特高频法局部放电检测基本上是通过变压器放油阀将传感器植入变压器内部，从而接收到特高频信号。大部分变压器在安装时未考虑安装特高频局部放电探头，为后期特高频局部放电检测带来一定困难。

（三）优化措施

在变压器中下部放油阀处安装特高频局部放电探头，如图5-9所示。

图 5-9　主变压器特高频局部放电探头

四、主变压器油位应与油温—油位曲线相匹配

（一）差异内容

新主变压器安装过程中，基建施工单位往往会将主变压器油位加至较高位置，未考虑与主变压器油温—油位曲线相匹配。

（二）分析解释

变压器油在环境温度影响下会改变体积。当温度升高时，变压器油体积膨胀，储油柜油位会升高；反之，温度下降时，变压器油体积缩小，储油柜油位降低。变压器储油柜需要保证变压器油体积随着温度变化时，可以正常容纳变压器油，并保证变压器油箱内部基本保持微正压压状态，防止外界潮气侵入。油温—油位曲线指明了变压器在某一油温下油位的标准数值，如图 5-10 所示。

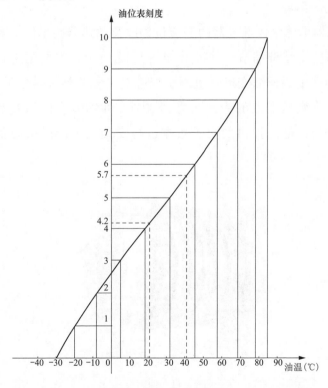

图 5-10　油温—油位曲线

在新主变压器安装过程中，基建施工单位为后期调整油位方便，通常会在真空注油时将油位加至偏高位置。假如油位偏离油温—油位曲线过高，超出变压器储油柜可以容纳变压器油体积变化的上限，则当变压器投入运行或环境温度升高，变压器油膨胀，可能会导致变压器油箱内压力升高，严重时引起压力释放阀喷油动作。

（三）优化措施

主变压器油位应与油温—油位曲线相匹配。

五、主变压器导油管上的伸缩节应有明确的安装说明

（一）差异内容

部分安装在主变压器油管上的伸缩节没有明确的安装说明，无法分辨伸缩节用于长度补偿还是温度补偿。

（二）分析解释

在变压器本体气体继电器的安装位置以及散热器与本体分离的变压器导油管上需要安装伸缩节。伸缩节如图 5-11 所示，主要用于补偿管道因温度变化而产生的伸缩变形，也用于管道因安装调整等需要的长度补偿。一般安装在主变压器上的为波纹管膨胀节。伸缩节在使用安装时，一定要严格根据设计部门提供的有关数据进行安装。生产厂家需要提供以下数据：

图 5-11　伸缩节

（1）管道压力、通径（管道的通称直径）；

（2）管道设置情况（分架空管道、直埋管道）；

（3）所需管道伸缩节的伸缩量（也称补偿量）；

（4）管道与伸缩节的连接方式（分为法兰连接、焊接两种方式）；

（5）介质、介质温度。

（三）优化措施

伸缩节应有明确的安装说明。

六、变压器安装过程中真空注油环节中关键信息应有相关证明材料

（一）差异内容

新变压器安装过程中已按照有关标准或厂家规定进行抽真空、真空注油和热油循环，真空度、抽真空时间、注油速度及热油循环时间、温度均应达到要求，但是在档案中无法找到相应的证明材料。

（二）分析解释

在新变压器安装过程中，抽真空、真空注油、热油循环是主变压器安装过程中最为关键的环节之一。抽真空注油的正确实施是防止变压器受潮、保证主变安装质量的重要因素。

在抽真空过程中，在常温高真空度下，气体和水分会进行蒸发并抽到油箱外，从而减少变压器内部气体含量和保证绝缘的干燥程度，然后在真空状态下用真空滤油机对变压器进行注油，这就是抽真空注油工艺。

热油循环一般用于轻度受潮或新安装的大、中型变压器。热油循环是利用热油吸收变压器器身绝缘上的水分，带有水分的变压器油循环到油箱外进行干燥后再注入油箱内。通过不断的循环，将器身绝缘上的水分置换出来，从而达到干燥的目的。

抽真空注油过程中的真空度、抽真空时间、注油速度及热油循环过程中的循环时间和温度是上述环节的关键信息，需要对以上信息进行实时监控并记录。

变压器真空度应符合以下要求：220～500kV 变压器的真空度应不大于

133Pa，750～1000kV 变压器的真空度应不大于 13Pa。220～330kV 变压器的真空保持时间不得少于 8h；500kV 变压器的真空保持时间不得少于 24h；750～1000kV 变压器的真空保持时间不得少于 48h 方可注油。

注油时，注入油温应高于器身温度，注油速度不宜大于 100L/min。注油后应进行静置：110kV 及以下变压器静置时间不少于 24h；220kV 及 330kV 变压器不少于 48h；500kV 及 750kV 变压器不少于 72h；1000kV 变压器不少于 168h。

热油循环过程中滤油机加热脱水缸中的温度，应控制在 65℃±5℃ 范围内，油箱内温度不应低于 40℃。当环境温度全天平均低于 15℃ 时，应对油箱采取保温措施。热油循环持续时间应不少于 48h，或不少于 3×变压器总油重/通过滤油机每小时的油量，以时间长者为准。

（三）优化措施

新变压器安装过程中按照有关标准或厂家规定进行抽真空、真空注油和热油循环，真空度、抽真空时间、注油速度及热油循环时间、温度均应达到要求，同时要将以上关键信息做好记录，以证明上述过程符合要求。

七、变压器本体上法兰面应有跨接线

（一）差异内容

部分新安装变压器法兰间无跨接线连接，可能会造成悬浮放电。违反《国家电网公司变电验收通用管理规定　第 1 分册　油浸式变压器（电抗器）验收细则》的规定："储油柜、套管、升高座、有载开关、端子箱等应有短路接地。"

（二）分析解释

变压器储油柜、套管、升高座、有载开关、端子箱等应有短路接地，否则仅靠法兰面金属接触，会因为油漆绝缘而可能出现电位悬空，造成悬浮放电或者静电伤人。因此，需要将储油柜、套管、升高座、有载分接开关、端子箱等的法兰面用跨接线进行跨接（见图 5-12），通过主变压器油箱进行接地。

图 5-12　有载分接开关油桶法兰与本体跨接线

（三）优化措施

将储油柜、套管、升高座、有载开关、端子箱等法兰面用跨接线进行跨接，以保证可靠接地。

八、爬梯应加锁

（一）差异内容

部分主变压器爬梯没有可以锁住踏板的防护机构，在主变压器运行时，有误登主变压器的风险。不符合《国家电网公司变电验收通用管理规定　第 1 分册　油浸式变压器（电抗器）验收细则》的规定："梯子有一个可以锁住踏板的防护机构，距带电部件的距离应满足电气安全距离的要求。"

（二）分析解释

主变压器爬梯是方便人员在主变压器停电的情况下攀登主变压器。主变压器爬梯在一般情况下需要加装一个可以锁住的防护装置。在主变压器运行的情况下，将主变压器爬梯锁住，防止人员误登主变压器。同时，主变压器爬梯锁是否打开可以作为主变压器是否停电的标志，在大型检修现场可以防止人员误入带电间隔。

（三）优化措施

主变压器爬梯加装一个可以锁住踏板的防护装置，如图 5-13 所示。

图 5-13　主变压器爬梯防护装置

任务四　变压器套管及出线

≫【任务描述】

　　变压器套管是将变压器内部高、低压引线引到油箱外部的绝缘套管，不但作为引线对地与变压器外壳之间的绝缘，而且担负着固定引线的作用。变压器套管是变压器载流元件之一，在变压器运行中长期通过负载电流，当变压器外部发生短路时通过短路电流。本任务主要讲解变压器套管以及引线的安装工艺在基建与运检需求方面存在的差异，并解析差异化产生的原因及优化措施。

>> 【技术要领】

一、主变压器 10kV 套管采用软连接

(一) 差异内容

部分主变压器 10kV 套管未采用软连接进行安装 (见图 5-14), 或者软连接不满足保护套管的作用。不符合《国家电网公司变电验收通用管理规定第 1 分册　油浸式变压器 (电抗器) 验收细则》的规定:"35、20、10kV 铜排母线桥装设绝缘热缩保护, 加装绝缘护层, 引出线需用软连接引出。"

在制作尺寸有偏差或者环境气温变化导致铜材料热胀冷缩的情况下, 套管容易受到水平拉力

套管瓷盖与瓷套连接处、安装法兰处受到水平拉力影响容易形成渗油

图 5-14　主变压器 10kV 套管未采用软连接

(二) 分析解释

主变压器 10kV 套管将变压器低压引线引到油箱外部, 作为引线对地绝缘以及起到固定引线的作用, 需要具备良好的电气强度和机械强度。一般来说, 主变压器 10kV 套管采用单体瓷绝缘套管, 这种套管仅一个瓷套,

卡装在变压器油箱上。主变压器低压侧因载流量大，通常采用铜排与10kV套管进行连接。铜排与导线相比，在制作尺寸有偏差或者环境气温变化导致铜材料热胀冷缩的情况下，对套管头部水平拉力较大，容易造成套管偏斜，进而导致套管瓷盖与瓷套连接处以及安装法兰处渗油甚至漏油。

因此，需要在套管与铜排连接处安装软连接，补偿铜排在制作过程中的尺寸偏差，消除环境温度变化引起的热胀冷缩，使主变压器10kV套管不受到水平拉力的影响，从而防止渗油。

（三）优化措施

在主变压器10kV套管与铜排连接处安装软连接（见图5-15），防止套管受到水平拉力而渗油。

图 5-15　套管与铜排间采用软连接

二、套管油位应符合要求

（一）差异内容

在变压器安装过程中，基建施工单位易忽视套管油位情况，导致套管油位不符合《国家电网公司变电验收通用管理规定　第1分册　油浸式变压器（电抗器）验收细则》的规定："油位计就地指示应清晰，便于观察，油位正常，套管垂直安装油位在 1/2 以上（非满油位），倾斜 15°安装应高于 2/3 至满油位。"

（二）分析解释

目前 66kV 以上电压等级的绝缘套管一般采用电容式套管。其中，油纸电容式套管需要在电容芯子与瓷套之间的空隙处注满变压器油，因此在套管头部有一个适应变压器油热胀冷缩用的储油柜。套管垂直安装油位应在 1/2 以上（非满油位），倾斜 15°安装应高于 2/3 至满油位。基建施工过程中往往忽视套管油位情况，从而导致套管油位不满足要求。

（三）优化措施

套管油位要符合有关规定，垂直安装油位应在 1/2 以上（非满油位），倾斜 15°安装应高于 2/3 至满油位，如图 5-16 所示。

图 5-16　套管油位计

三、主变压器 10（35）kV 穿墙套管安装底板采取防涡流措施

（一）差异内容

部分主变压器 10（35）kV 穿墙套管安装底板没有采取防涡流措施，在主

变压器运行时由于感应电的原因，穿墙套管安装底板会产生涡流，引起过热。

（二）分析解释

一般 10（35）kV 出线采用室内开关柜设计，在主变压器低压侧进入到室内需经过穿墙套管。为保证穿墙套管处的墙体强度，需在穿墙套管处安装底板，如图 5-17 所示。为了节省成本，穿墙套管底板有时会采用金属材料，在主变压器运行时通过感应电，穿墙套管底板会产生涡流，继而发热。因此，穿墙套管底板应采用防涡流材料，或采取防涡流措施。

图 5-17　穿墙套管安装底板

（三）优化措施

穿墙套管底板采用防涡流材料，或采取防涡流措施。

四、主变压器 35（10）kV 低压侧采取绝缘化措施

（一）差异内容

部分主变压器 35（10）kV 低压侧未采取绝缘化措施，可能会引起低压侧相间短路。

（二）分析解释

主变压器的 35（10）kV 低压侧相间距离较近，在过去几年的运行经验中发现，树枝、小动物等异物意外接触引起跳闸、短路事件较多，因此对主变压器低压侧绝缘化有以下要求：

绝缘化改造部位为：①变压器套管、穿墙套管、独立电流互感器、隔离开关（除转动部位外）等设备的接头及铜（铝）排；②电缆接头；③当采用裸导线作为设备间引线连接时，其接头外延 1m 范围内的引线；④处于冷却器或片式散热器上方的导线；⑤跨道路管型引线桥；⑥穿墙套管接头外延 1m 范围内的引线；⑦开关柜内裸露母线排及引流排；⑧支撑引流排的固定金具；⑨有必要进行绝缘化改造的其他部位。

绝缘化的材料厚度与层数需要满足长期运行时的绝缘性能要求。绝缘化材料上接地线的挂接点应设置三相挂接点，沿导线方向呈"品"字形错开 1m，不满足要求的应避免设置接地线挂接点。特殊情况必须设置时，应通过加装绝缘盒等方式进行防护，并做好防进水、防鸟筑巢等措施。完成绝缘化改造后应对材料进行 1min 工频耐压试验，要求相间发生金属性搭接时应能承受 80% 短时工频耐受电压。

（三）优化措施

根据要求对主变压器低压侧进行绝缘化改造，如图 5-18 所示。

图 5-18　主变压器低压侧绝缘化改造

五、主变压器 10kV 引线桥装设避雷器，且采用铜排或软铜线接地

（一）差异内容

部分主变压器基建时为考虑在 10kV 引线桥装设避雷器，导致主变压

器防雷保护功能部分缺失，严重时可能会导致主变压器因雷击侵入而损坏。

（二）分析解释

变压器在各侧投入运行时，各电压等级母线上的避雷器都应对其可能受到的侵入波进行保护。但由于变压器运行方式的改变，当低压侧开路、高（中）压侧运行时，假设此时有电压为 U_0 的侵入波从高（中）侧侵入，则低压侧会感应出一定的电压 U_{20}，U_{20} 的计算公式为

$$U_{20} = \frac{C_{12}}{C_{12} + C_{20}} U_0$$

式中：C_{12} 为高（中）压侧与电压绕组之间的电容；C_{20} 为低压绕组对地电容。

当低压侧绕组开路时，C_{20} 很小，所以此时加载在低压绕组上的电压 U_{20} 近似等于高（中）的侵入波 U_0，U_0 可危及低压绕组绝缘。为了限制这种过电压，需要在低压绕组出口处加装避雷器。

（三）优化措施

在 10kV 引线桥装设避雷器，且需加装明显接地，如图 5-19 所示。

图 5-19　在 10kV 引线桥处装设避雷器

六、变压器低压侧 35（10）kV 避雷器引线太短

（一）差异内容

部分变压器低压侧 35（10）kV 避雷器与母排连接的引线太短，影响避雷器试验。

（二）分析解释

避雷器试验时需要将其引线拆除，但变压器低压侧 35（10）kV 避雷器与母排连接的引线太短，导致引线拆除后避雷器与母排距离过近（见图 5-20），避雷器直流泄漏试验数据不真实，需要将避雷器整组拆除后进行试验，试验后再进行复装。

变压器低压侧避雷器与母排的连接引线过短，影响避雷器试验

图 5-20　变压器低压侧 35（10）kV 避雷器与母排连接的引线太短

（三）优化措施

变压器低压侧 35（10）kV 的避雷器引线长度应适宜，应保证满足避雷器试验时与低压侧 35（10）kV 母排的距离满足要求：10kV 不少于 15cm，35kV 不少于 25cm。

任务五　变压器附件

>> 【任务描述】

油浸式变压器的附件有油箱、储油柜、分接开关、在线净油装置、散

热风机、压力释放阀、气体继电器等。其作用是保证变压器的安全和可靠运行。本任务主要讲解在变压器各类附件的安装在运检与基建工艺方面的差异，并解析差异化产生的原因及优化措施。

≫ 【技术要领】

一、变电站设计阶段应同步考虑油色谱、在线滤油机等在线监测系统

（一）差异内容

部分主变压器在设计阶段未同步考虑油色谱、在线滤油机等在线监测系统的安装，导致后期加装在线监测系统时安装困难，甚至无法安装，造成主变压器在线监测手段缺失，为主变压器安全稳定运行带来隐患。

（二）分析解释

主变压器有载分接开关采用非真空灭弧时，需要加装在线滤油装置，对有载分接开关切换灭弧时产生的杂质及水分进行过滤。

主变压器油色谱在线监测装置通过引出运行变压器中的变压器油，对其进行实时的油色谱分析，测定油中溶解气体的组分含量（包括氢气、氧气、甲烷、乙烯、乙烷、乙炔、一氧化碳和二氧化碳等），从而间接地实时监控变压器内部是否存在潜在性的过热、放电等故障。

在变电站设计阶段，需要统筹考虑油色谱在线监测装置和有载分接开关滤油装置的安装，预留安装位置和电缆，变压器上预留油色谱在线监测阀（见图5-21），预留有载分接开关在线滤油装置管路。

（三）优化措施

在设计阶段同步考虑油色谱、在线滤油机等在线监测系统的安装。

二、主变压器在线滤油装置应便于运行维护

（一）差异内容

部分主变压器安装在线滤油装置时，未充分考虑运行维护的便利性，安装位置较高。

（二）分析解释

主变压器在线滤油装置（见图5-22）是主变压器有载分接开关的附属

设备。非真空灭弧的有载分接开关在切换档位时因在变压器油中有一个灭弧的过程，会在变压器油中产生杂质，需要通过在线滤油装置进行除杂除水。在线滤油装置是运维人员巡视的重点。同时，在线滤油装置的除水除杂滤芯有一定的使用寿命，当在线滤油装置告警时，需要更换除水除杂滤芯，此过程不需要主变压器停电。

图 5-21　在线监测阀

图 5-22　变压器在线滤油装置

部分在线滤油装置在安装时没有考虑到后续运行检修的需求，安装位置过高，对运行检修带来一定的困难。

（三）优化措施

调整位置过高的在线滤油装置，使其便于运行维护。

三、呼吸器应有 2/3 标识

（一）差异内容

部分主变压器的本体、有载呼吸器上没有 2/3 标识，会造成对呼吸器内硅胶变色情况判断不准确。不符合《国家电网公司变电验收通用管理规

定 第1分册 油浸式变压器（电抗器）验收细则》的规定："呼吸器密封良好，无裂纹，吸湿剂干燥、自上而下无变色，在顶盖下应留出 1/6～1/5 高度的空隙，在 2/3 位置处应有标示。"

（二）分析解释

呼吸器用于清除和干燥因变压器温度变化而进入储油柜的空气中的杂质和水分。一般在呼吸器内填装变色硅胶用于显示受潮情况。当硅胶吸收水分失效后，会从蓝色变成粉红色。当硅胶变色超过 2/3 时，则需要对硅胶进行更换，以保证呼吸器吸湿功能。在呼吸器 2/3 处添加标识，能够更好地判断呼吸器内硅胶变色的情况。

（三）优化措施

在呼吸器 2/3 处增加标识，如图 5-23 所示。

四、散热器风机应有网罩

（一）差异内容

部分冷却形式为风冷的变压器，散热器风机未加装防护网（见图 5-24），可能会导致异物飘入或人员误碰风机风扇，存在安全隐患。

（二）分析解释

对于风冷形式的变压器，风机散热是主变压器散热的主要手段。

图 5-23 呼吸器

风机一般加装在散热片下方，风机上部有较大空间。散热器风机加装网罩可以有效防止异物落入风机内而造成风机故障。同时，网罩可以防护人员误碰风机风扇，保护运维检修人员的安全。

（三）优化措施

散热器风机加装网罩。

图 5-24　风机未加装网罩

五、主变压器非电量保护装置加装防雨罩

（一）差异内容

部分主变压器温度计（含温包）、压力释放阀、油位计、气体继电器等非电量保护装置未采取防雨措施或防雨措施不完善。

（二）分析解释

主变压器非电量保护装置是主变压器保护的重要形式之一。主变压器非电量保护装置主要有主变压器压力释放阀、主变压器油枕油位计、主变压器本体气体继电器、有载分接开关气体继电器、主变压器温度计四类。

若主变压器非电量保护装置防雨措施不到位（见图 5-25），雨水很有可能进入非电量装置上的微动开关接线盒或二次回路中间过渡接线盒，导致非电量装置电气回路绝缘不良，引起非电量保护误动作，严重时可能导致主变压器误跳失电等严重后果。因此，主变压器非电量保护需要加装防雨罩，防止雨水对其造成不良影响。

同时，在基建验收过程中发现，部分防雨罩固定螺栓与主变压器油管法兰螺栓共用。拆装防雨罩时需要对油管法兰螺栓进行拆卸，会对法兰密封性能造成影响。这种情况是需要避免的。

图 5-25　有载分接开关气体继电器未安装防雨罩

（三）优化措施

对未加装防雨罩的主变压器非电量保护装置加装防雨罩，如图 5-26～图 5-29 所示。同时注意防雨罩的固定螺栓不能与油管法兰螺栓共用。

图 5-26　压力释放阀防雨罩

六、主变压器气体继电器防雨罩应更改为易拆方式，不能用油管螺栓固定

（一）差异内容

部分主变压器气体继电器的防雨罩固定在油管螺栓上，检修时需要松动油管螺栓才能卸下，对主变压器油管的密封性会造成影响。

图 5-27　气体继电器防雨罩

图 5-28　温度计防雨罩

（二）分析解释

主变压器气体继电器需要加装防雨罩，防止雨水进入非电量装置上的微动开关接线盒或二次回路中间过渡接线盒，导致非电量装置电气回路绝缘不良，引起非电量保护误动作。在主变压器间检修时，需要拆下防雨罩，对气体继电器进行检修。同时，因为部分防雨罩结构不佳，容易引起鸟类筑巢，清除鸟窝也需要将防雨罩拆下。目前使用的气体继电器型号较多，大小不一，因此气体继电器的防雨罩形式也五花八门。有一类防雨罩与气体继电器共用油管上的安装法兰

图 5-29　油位计防雨罩

螺栓（见图 5-30），在主变压器未注油前进行安装。但是在拆卸防雨罩时，需要将螺栓松动，很可能会破坏法兰面的密封性能，造成法兰面渗油。因此，主变压器气体继电器防雨罩不能与油管螺栓共用，应该改为易拆方式。

防雨罩固定在油管螺栓上，在拆卸防雨罩时需要松动油管螺栓，会对法兰面的密封造成影响

图 5-30　气体继电器防雨罩

（三）优化措施

主变压器气体防雨罩的固定改为易拆形式，图 5-31 为防雨罩安装方式示意图，图 5-32 为防雨罩实物图。

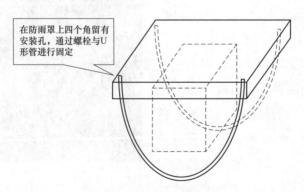

在防雨罩上四个角留有安装孔，通过螺栓与U形管进行固定

图 5-31　防雨罩安装示意图

七、主变压器压力释放阀喷口下引，朝向鹅卵石，离地面500mm

（一）差异内容

部分主变压器的压力释放阀喷口没有下引，或喷口离地面太近，不利于压力释放。不符合《国家电网公司变电验收通用管理规定　第1分册　油浸式变压器（电抗器）验收细则》中的规定："压力释放阀安全管道应将油导至离地面500mm高处，喷口朝向鹅卵石，并且不应靠近控制柜或其他附件。"

图 5-32　防雨罩实物图

（二）分析解释

当主变发生故障时油箱内压力增加，当箱内的压力超过压力释放阀预设的压力时，变压器油可以在压力释放阀喷口喷出，从而释放油箱内超常的压力，保护变压器。

当压力释放阀喷口高度过高（见图5-33）或者未朝向地面鹅卵石，压力释放阀喷出的变压器油可能会飞溅到主变器器身及巡视人员，对人身安全造成威胁。压力释放阀喷口位置过低时（见图5-34），会不利于压力的释放，压力释放过程减缓，严重时会扩大事故的影响。

（三）优化措施

主变压器压力释放阀喷口下引，

喷口位置过高，在压力释放阀动作时，会使变压器油飞溅到主变压器本体或巡视人员，对设备和人身安全造成威胁

图 5-33　喷口位置偏高

朝向鹅卵石，离地面 500mm，如图 5-35 所示。

图 5-34　喷口位置过低　　　　　　　图 5-35　喷口高度适中

八、压力释放阀喷口应有防小动物网罩

（一）差异内容

部分主变压器压力释放阀喷口处没有防小动物网，可能会造成动物爬入压力释放阀喷口或在管道内筑巢，引起压力释放阀泄压通道堵塞。

（二）分析解释

主变压器发生故障时内部压力增加，压力释放阀需要及时将变压器内油喷出，以防止事故进一步扩大。压力释放阀泄压通道的通畅与否会影响排油速度，从而影响变压器内部压力释放速度。当压力释放阀泄压通道喷口无小动物防护网时，小动物可能会爬入泄压通道内并在内部筑巢，对泄压通道进行堵塞。因此，需要在压力释放阀喷口处安装防小动物网罩，以防止小动物爬入泄压通道内。

（三）优化措施

压力释放阀喷口加装防小动物网罩，如图 5-36 所示。

图 5-36　喷口管道防小动物网

任务六　变 压 器 试 验

≫【任务描述】

　　变压器在制造、运输过程中，由于工艺不良或其他原因造成变压器内部存在缺陷，将对变压器运行产生安全隐患，威胁电力系统安全。对变压器进行各类试验，综合分析试验数据，是检验变压器是否存在缺陷的有效手段。变压器在出厂及交接时都必须进行全面的检查性试验，以判断变压器性能是否良好，运输及安装过程是否发生损伤。必须保存试验记录，直至该变压器退役为止。本任务主要讲解新安装变压器试验项目资料移交在运检与基建方面的差异化内容，通过相关原理及条款解析，掌握优化措施。

≫【技术要领】

一、新主变压器应提供整体密封试验相关记录

（一）差异内容

部分新主变压器在基建安装完成后，未能提供整体密封试验相关记录，

无法对主变压器整体密封情况进行深入了解。

（二）分析解释

一般 110kV 和 220kV 变压器多采用钟罩式油箱或密封式油箱。钟罩式油箱上下节油箱之间用螺栓连接，中间用密封条进行密封。而密封式油箱上下箱沿直接焊接焊接在一起。无论是钟罩式油箱还是密封式油箱，都需要在上节油箱开有大小不一的孔，用来安装套管或套管升高座、操作手孔或人孔、分接开关安装孔、储油柜管孔以及连接压力释放阀的孔、连接冷却装置的孔和温度计座等。这些孔与外部件或盖板之间需采用密封连接。

在安装过程中，如果主变压器的密封性能不好，会导致抽真空注油环节的真空度达不到要求。在主变压器运行过程中会造成主变压器渗油，严重时造成主变压器被迫停运。如图 5-37 为某主变压器套管升高上法兰密封条安全工艺不佳，导致主变压器渗漏油。主变压器密封性能不好的主要原因为：①主变压器密封条质量较差，易老化易变形；②密封条安装工艺不到位，安装过程中未将密封条垫平或未均匀紧固；③气候原因导致的热胀冷缩以及变压器油加速密封条性能劣化等。

图 5-37　密封条安装工艺不佳，导致主变压器渗漏油

为了杜绝因密封条性能较差和密封条安装工艺不到位导致的主变压器密封性能不佳，需要基建单位提供主变压器整体密封试验相关记录，核查

其试验数据是否合格。

(三) 优化措施

新主变压器在基建安装完成后应提供整体密封试验相关记录。

二、变压器制造厂应提供新油无腐蚀性硫、结构簇、糠醛及油中颗粒度报告

(一) 差异内容

变压器制造厂未能提供新油无腐蚀性硫、结构簇、糠醛及油中颗粒度报告。不符合《十八项反事故措施》中第 9.2.2.5 条的规定:"变压器新油应由厂家提供新油无腐蚀性硫、结构簇、糠醛及油中颗粒度报告。"

(二) 分析解释

变压器油是石油的一种分馏产物,它的主要成分是烷烃、环烷族饱和烃、芳香族不饱和烃等化合物。变压器油(见图 5-38)有良好的绝缘作用,变压器的铁芯、绕组等浸没在变压器油中,不仅可以提升绝缘强度,还可免受潮气的侵蚀。同时,变压器油的比热较大,变压器运行产生的热量可以通过油上下对流散发出去,在有载分接开关中的变压器油还承担着灭弧作用。

图 5-38 变压器油

变压器油中如果存在腐蚀性硫成分，则会促使有害皂类的形成和变压器油的酸反应以及金属的腐蚀，对变压器内部绕组及铁芯造成不良影响，因此需要提供新油无腐蚀性硫报告。

变压器油的结构簇、糠醛及油中颗粒度也会影响变压器油的性能，因此需要提高相关的报告。

（三）优化措施

变压器制造厂需要提供新油无腐蚀性硫、结构簇、糠醛及油中颗粒度报告。

三、新安装变压器应开展空载损耗试验、负载损耗及局部放电试验

（一）差异内容

部分新变压器在安装时，基建施工单位未按要求开展空载损耗试验、负载损耗及局部放电试验，未能提供相关试验报告。不符合《十八项反事故措施》第 9.2.2.7 条的规定："110（66）kV 及以上电压等级变压器在出厂和投产前，应用频响法和低电压短路阻抗测试绕组变形以保留原始记录；110（66）kV 及以上电压等级的变压器在新安装时应进行现场局部放电试验；对 110（66）kV 电压等级变压器在新安装时应抽样进行额定电压下空载损耗试验和负载损耗试验；现场局部放电试验验收，应在所有额定运行油泵（如有）启动时进行，220kV 及以上变压器放电量不大于 100pC。"

（二）分析解释

变压器空载试验可以测量变压器的空载电流和空载损耗，检查变压器是否存在磁路故障（铁芯片间短路、多点接地等）和电路故障（绕组匝间短路等）。当变压器发生上述故障时，空载损耗和空载电流都会增大。

变压器负载损耗试验一般又称短路试验。是将变压器一侧绕组或者低压侧短路，从高压侧加入额定频率的交流电压（应将档位放在额定的档位上）使变压器绕组内的电流为额定电流，此时功率表显示的数值为负载损耗值，电压表显示的值为阻抗电压值。负载损耗一部分是由于电流通过绕组所产生的电阻损耗，另一部分是由于漏磁通引起的各种附加损耗。附加

损耗的一部分是绕组的导线在磁场作用下产生的涡流损耗，另一部分是漏磁通穿过绕组压板、铁芯夹件、油箱等结构件所造成的涡流损耗。通过负载试验可以测量负载损耗和阻抗电压，便于确定变压器的运行情况，计算变压器的效率、热稳定和动稳定，计算变压器二次侧的电压变动率以及变压器的温升情况。

变压器内局部放电主要由于变压器结构不当或制造工艺处理不当造成的局部电场强度过高而产生的放电。变压器内局部放电对变压器的不良影响主要有两方面：①放电点对绝缘的直接冲击造成局部绝缘不良，并逐渐扩大，最终可能导致绝缘击穿；②放电产生的气体对绝缘进行腐蚀，最终造成击穿。局部放电试验是检查变压器结构是否合理、工艺水平好坏以及变压器内部是否存在局部放电现象的重要试验手段。

（三）优化措施

新安装变压器应开展空载损耗试验、负载损耗及局部放电试验，如图 5-39 所示。

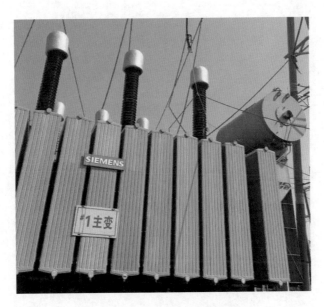

图 5-39　变压器进行局部放电试验

项目六

互感器运检与基建工法差异解析

≫ 【项目描述】

互感器是电流互感器和电压互感器的统称，其功能主要是将高电压或大电流按比例变换成标准低电压（100V）或标准小电流（5A 或 1A），用于测量或保护系统。互感器与测量仪表和计量装置配合，可以测量一次系统的电压、电流和电能；与继电保护和自动装置配合，可以构成对电网各种故障的电气保护和自动控制。互感器性能的好坏直接影响到电力系统测量、计量的准确性和继电器保护装置动作的可靠性。

任务一 电 压 互 感 器

≫ 【任务描述】

电压互感器是将电力系统的高电压变换为标准的低电压的变压器设备，用来给测量仪表和继电保护装置供电，用来测量线路的电压、功率和电能，或者在线路发生故障时保护线路中的贵重设备、电机和变压器。电压互感器的容量很小，一般都只有几伏安、几十伏安，最大也不超过 1000VA。本任务主要讲解电压互感器的安装、接线、试验工艺在运检与基建方面存在的差异化内容，并通过原理和结构分析掌握相关优化措施。

≫ 【技术要领】

一、电压互感器应有两根与主接地网不同地点连接的接地引下线

（一）差异内容

《国家电网公司变电验收管理规定（试行） 第 7 分册 电压互感器验收细则》规定："110（66）kV 及以上电压互感器构支架应有两点与主地网不同点连接，接地引下线规格满足设计要求，导通良好。"但部分施工单位安装电压互感器时只装设一根与主接地网连接的接地引下线。

（二）分析解释

在运行中，如果互感器内部绕组击穿，将会造成外壳带电或将高电压串入低电压系统，造成人员和低压设备危害，故电力安全规程和技术规程都规定，互感器的外壳和二次绕组必须接地。电压互感器外壳接地属于保护性接地，以保护人身和设备的安全，为防止一根接地线出现虚接的情况，要求电压互感器外壳必须双接地。

（三）优化措施

采用扁铁添加一根接地引下线方式（见图6-1），避免一根接地线虚接而出现伤害人身、损害设备与电网故障异常情况。

图6-1 两侧各设一根接地引下线

二、电容式电压互感器中间变压器高压侧对地不应装设氧化锌避雷器

（一）差异内容

《十八项反事故措施》第11.1.1.8条规定："电容式电压互感器中间变压器高压侧对地不应装设氧化锌避雷器"，但部分厂家的电容式电压互感器的中间变压器高压侧仍接有氧化锌避雷器。

（二）分析解释

电容式电压互感器是由串联电容器抽取电压，再经变压器变压作为表计、继电保护等的电压源的电压互感器。

电容式电压互感器主要由电容分压器和中压变压器组成。电容分压器由瓷套和装在其中的若干串联电容器组成，瓷套内充满保持 0.1MPa 正压的绝缘油，并用钢制波纹管平衡不同环境以保持油压，电容分压可用作耦合电容器连接载波装置。中压变压器由装在密封油箱内的变压器、补偿电抗器和阻尼装置组成，油箱顶部的空间充氮。一次绕组分为主绕组和微调绕组，一次侧和一次绕组间串联一个低损耗电抗器。由于电容式电压互感器的非线性阻抗和固有的电容有时会在电容式电压互感器内引起铁磁谐振，因而用阻尼装置抑制谐振。阻尼装置由电阻和电抗器组成，跨接在二次绕组上。正常情况下阻尼装置有很高的阻抗，当铁磁谐振引起的过电压影响中压变压器之前，电抗器已经饱和了，只剩电阻负载，使振荡能量能很快被降低。

若在中间变压器高压侧对地装设氧化锌避雷器，在电容和电抗作用下会产生谐振引起过电压，避雷器将长期处于高压状态，老化速度很快，寿命降低，容易造成故障。

（三）优化措施

在设计联络会上应予以明确，电容式电压互感器中间变压器高压侧对地不应装设氧化锌避雷器，验收时如发现不符合规定的应要求厂家整改，取消氧化锌避雷器。

三、电压互感器引线线夹不应采用铜铝对接过渡线夹

（一）差异内容

《国家电网公司变电验收管理规定（试行） 第 7 分册 电压互感器验收细则》规定："线夹不应采用铜铝对接过渡线夹"。但部分施工单位仍使用铜铝对接式过渡线夹，存在一定的安全隐患。

（二）分析解释

目前电压互感器接线端子通常是铜材质的，而导线使用的是铝材料，若是铜铝直接接在一起将发生电化学反应，导致铝被腐蚀，接触电阻增大。

因此，目前电压互感器导线线夹一般为铜铝过渡线夹，且应采用将铜片焊接在铝线夹一侧接触面上的铜铝过渡线夹，但施工单位有时仍会使用存在安全隐患的铜铝对接式过渡线夹。

铜铝对接式过渡线夹采用闪光焊接工艺，将高温熔化的铜板和铝板各自一端对接，然后结合在一起，如图 6-2 所示。铜铝对接式过渡线夹厚度较薄，中间结合处较脆且中间结合处的导电性能极不好，遇到大风天气时，导线受力后该部位易断裂，给电力系统的安全稳定运行带来了较大的安全隐患。

图 6-2　铜铝对接式过渡线夹

（三）优化措施

对于铜铝对接线夹应全部更换为贴有过渡片的铝线夹，原导线长度不满足要求的需更换导线；原导线长度满足要求的则剪断铜铝对接线夹，采用贴有过渡片的铜铝过渡线夹后重新压接安装。

四、户外易进水线夹应打排水孔

（一）差异内容

《国家电网公司变电验收管理规定（试行）　第 7 分册　电压互感器验收细则》规定："在可能出现冰冻的地区，线径为 400mm² 及以上的、压接孔向上 30°～90°的压接线夹应打排水孔。"但部分施工单位在施工时存在线夹排水孔遗漏的情况。

（二）分析解释

压接孔向上 30°～90°的压接线夹常年在室外运行时，雨水将沿导线缝隙渗入线夹中并长期积存（见图 6-3）。遇到低温结冰天气，线夹内水分结冰膨胀可能将线夹胀裂，影响线夹与导线的接触连接情况，导致电压互感器与电网脱开。因此，需要在线夹底部位置开一排水孔，将线夹内部积水及时排出，防止因结冰造成设备损坏。设备安装时施工单位容易将此位置线夹排水孔遗漏。

图 6-3　易进水线夹

（三）优化措施

对于线径为 400mm² 及以上的、压接孔向上 30°～90°的户外导线线夹应打排水孔（见图 6-4），防止因线夹内部积水结冰而损坏设备。

五、电压互感器应有局部放电及铁磁谐振试验报告

（一）差异内容

《十八项反事故措施》第 11.1.1.10 条规定："110（66）～750kV 油浸式电流互感器在出厂试验时，局部放电试验的测量时间延长到 5min"。第

11.1.1.9 条规定："电容式电压互感器应选用速饱和电抗器型阻尼器，并应在出厂时进行铁磁谐振试验"。但部分制造厂交接时并未提供相关局部放电和铁磁谐振试验报告。

图 6-4　线夹排水孔

（二）分析解释

电压互感器是不可或缺的特殊变电装置，主要作用是按比例将交流大电压降低至可用监测仪器直接测量的数值，也可提供电能给自动装置和继电保护。互感器工作状况的好坏与其绝缘性能有着决定性的关系，互感器所产生的局部放电现象是电压互感器绝缘保护被损坏的主要原因，微弱放电的累积效应会使绝缘缺陷逐渐扩大，最终出现击穿、爆炸现象。为预防电力事故的发生，相关人员应进行电压互感器局部放电试验，以保证电力系统安全运行。

电力系统中存在着许多储能元件，当系统进行操作或发生故障时，变压器、互感器等含铁芯元件的非线性电感元件与系统中电容串联可能引起铁磁谐振，对电力系统的安全运行构成危害。在中性点不接地的非直接接地系统中，铁磁式电压互感器引起的铁磁谐振过电压是常见的，是造成事故较多的一种内部过电压。这种过电压轻则使电压互感器一次熔丝熔断，重则烧毁电压互感器，甚至炸毁瓷绝缘子及避雷器，从而造成系统停运。在一定的电源作用下会产生串联谐振现象，导致系统中出现严重的谐振过电压。

对于电容式电压互感器，应要求制造厂在出厂时进行 $0.8U_{1n}$、$1.0U_{1n}$、$1.2U_{1n}$ 及 $1.5U_{1n}$ 的铁磁谐振试验（注：U_{1n} 指额定一次相电压）。

部分生产厂家虽然进行产品的局部放电及铁磁谐振试验，但在交接时并未提供相关试验报告，导致后续无法进行比较。

（三）优化措施

在设计联络会上应予以明确，基建过程中应要求制造厂提供相关试验报告并移交档案部门留存。

任务二 电流互感器

≫【任务描述】

电流互感器是将电力系统中的大电流变换成小电流的电气设备，由闭合的铁心和绕组组成。其一次侧绕组匝数很少，串在需要测量的电流的线路中，因此经常有线路的全部电流流过它；其二次侧绕组匝数比较多，串接在测量仪表和保护回路中。电流互感器与测量仪表配合，可测量被测线路的电流和电能；与继电保护配合，可对所测线路进行保护。本任务主要讲解电流互感器的安装、试验在运检与基建方面的差异化内容，并通过相应的原理和结构分析，掌握相关优化措施。

≫【技术要领】

一、电流互感器金属膨胀器油位不宜过高或过低

（一）差异内容

电流互感器金属膨胀器油位不宜过高或过低，但部分施工单位安装电流互感器后补油不足，使油位过低或三相油位不一致。

（二）分析解释

《国家电网公司变电验收管理规定（试行）　第 6 分册　电流互感器验收细则》规定："金属膨胀器视窗位置指示清晰，无渗漏，油位在规定的范围内；不宜过高或过低，绝缘油无变色。"图 6-5 所示为电流互感器油位观察窗。

金属膨胀器内部绝缘油主要起绝缘作用，投运时若油位过低，当出现异常情况时发生渗油，造成短时间内部绝缘性能降低，将引起接地故障，甚至造成设备爆炸和全站停电；若油位过高，环境温度升高时，绝缘油在热胀冷缩作用下体积膨胀，油位达到极限后将使内部油压迅速增大，损坏油箱，从而引起渗漏甚至喷油。

图 6-5　电流互感器油位观察窗

若三相油位一致，当有一相漏油导致油位降低时，通过三相油位对比可以发现异常，便于运行人员发现渗油缺陷；若初始三相油位不一致，原本油位高的互感器渗漏油后油位下降，但与其余两相相比差别不大，巡视时可能被忽略。因此，投运前三相油位应一致。

（三）优化措施

验收时如发现互感器油位过低，应要求施工方将金属膨胀器油位补充到合适位置，且三相油位一致，如图 6-6 所示。

图 6-6　三相油位一致

二、金属膨胀器固定装置应拆除

（一）差异内容

《十八项反事故措施》第 11.1.2.5 条规定："互感器安装时，应将运输中膨胀器限位支架等临时保护措施拆除，并检查顶部排气塞密封情况。"部分施工单位在安装互感器时存在膨胀器固定装置漏拆的情况，一旦投运将无法指示正确油位，且温度升高使变压器油体积膨胀后压力较大，存在较大安全隐患。

（二）分析解释

金属膨胀器的主体实际上是一个弹性元件，当电流互感器内变压器油的体积因温度变化而发生变化时，膨胀器主体容积发生相应的变化，起到体积补偿作用。保证电流互感器内油不与空气接触，没有空气间隙，密封好，减少变压器油老化。

互感器运输时，为防止金属膨胀器晃动或碰撞造成损伤，往往用限位支架将膨胀器固定住，如图 6-7 所示。互感器安装时，若膨胀器固定装置未拆除，膨胀器将失去补偿作用而无法反映油位变化，运行人员无法判断互感器内油位高低，一旦油位低于互感器线圈位置将造成事故。同时当温度升高使变压器油体积膨胀，若是膨胀器无法及时扩张，内部压力将急剧增大，造成膨胀器损坏甚至爆炸，因此互感器安装时应将金属膨胀器的固定装置拆除。

图 6-7 金属膨胀器固定支架

（三）优化措施

结合验收查看金属膨胀器固定装置是否已拆除，未拆除的，现场应立即整改拆除，同时检查金属膨胀器弹性程度。

三、电流互感器二次接线盒应封堵完好

（一）差异内容

《国家电网公司变电验收管理规定（试行） 第 6 分册 电流互感器验收细则》规定："接地、封堵良好"。但部分施工单位对互感器二次接线盒的封堵不到位，封堵工艺不佳或防火泥质量差，运行一段时间后即开裂脱落。

（二）分析解释

二次接线盒内部接线主要用于测量与保护，如果封堵不严，常年在室外运行，容易发生进水故障，将引起二次接线盒接线发生短路，保护和测控失去电压，危害整个系统安全。

二次接线盒接线是从接线盒底部电缆引进，接线盒在电缆进入的位置开有一电缆穿孔。该电缆穿孔应采用防火泥封堵，避免水汽进入接线盒引起受潮，造成节点短路或锈蚀，同时防止有小动物通过电缆穿孔进入接线盒导致接线损坏或短路故障。防火泥应封堵牢固，且不易开裂脱落。图 6-8 为防火泥脱落，图 6-9 为防火泥干裂。

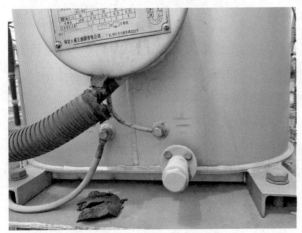

图 6-8 防火泥脱落

图 6-9 防火泥干裂

（三）优化措施

对于未封堵或封堵不到位的情况，应督促施工单位采用防火泥重新封堵牢固；对于防火泥质量差、易干裂脱落的情况，应责令施工单位选用质量可靠的防火泥。图 6-10 为防火泥封堵完好。

电缆穿孔应使用
防火泥封堵完好

图 6-10　防火泥封堵完好

四、电流互感器的备用绕组应引至开关端子箱端子排并短接

（一）差异内容

电流互感器的备用绕组应引至开关端子箱端子排并短接。

（二）分析解释

常规电流互感器的二次接线盒位置过高，正常运行时不便于巡视检查。检修过程需登高作业，不便于维护。如出现接线端子松动、电流二次回路开路等问题会不易发现，造成严重后果。

（三）优化措施

电流互感器的备用绕组应引至开关端子箱端子排并短接。

五、电流互感器底座应有排水结构

（一）差异内容

电流互感器底座应有排水措施，但部分电流互感器安装时底座支架四周焊死封闭，导致内部易积水，长期运行后互感器底板锈蚀穿孔，造成渗漏油。

（二）分析解释

电流互感器底座一般使用槽钢支撑，安装时应为中空不易积水，如图 6-11 所示。

图 6-11 底座中空

部分施工单位在安装电流互感器时底座采取全封闭结构，支撑底座的槽钢围成一个近乎密封的空间，如图 6-12 所示。这会使检修时防腐刷漆无法覆盖到互感器底部，如图 6-13 所示。同时由于四周完全贴合封死，一旦积水难以排出，将加快内部锈蚀速度，如图 6-14 所示。当互感器底板严重锈蚀到穿孔渗油后，渗油缺陷也将难以处理，只能采取更换电流互感器的措施。

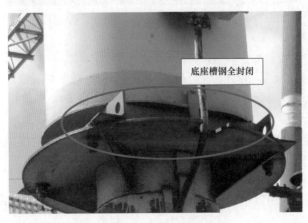

图 6-12 底座封闭

163

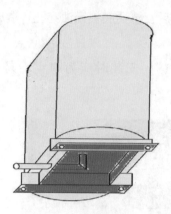

黄色部分为防腐刷漆可以保护到的部分，无明显锈迹，且未发生渗漏油。红色部位为锈蚀渗漏部位。
红色部分为防腐刷漆不能保护到的位置，锈蚀严重。

图 6-13　安装底座示意图

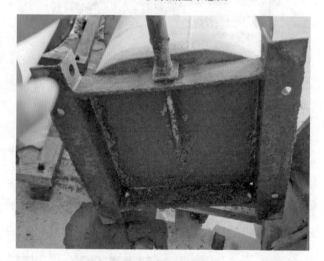

图 6-14　底座锈蚀

（三）优化措施

新安装的电流互感器底座应中空不易积水，对旧的全封闭式底座应开排水孔或将底座垫高预留出排水口。

六、电流互感器应有两根与主接地网不同地点连接的接地引下线

（一）差异内容

《国家电网公司变电验收管理规定（试行） 第 6 分册　电流互感器验收细则》规定："应保证有两根与主接地网不同地点连接的接地引下线。"

但部分施工单位安装电流互感器时只装设了一根接地引下线。

（二）分析解释

在运行中，如果互感器内部绕组击穿，将会造成外壳带电或将高电压串入低电压系统，造成人员和低压设备危害，故电力安全规程和技术规程都规定，互感器的外壳和二次绕组必须接地。电流互感器外壳接地属于保护性接地，以保护人身和设备的安全，为防止一根接地线出现虚接的情况，要求电流互感器外壳必须双接地，如图 6-15 所示。

（三）优化措施

采用扁铁添加一根接地引下线，避免一根接地线虚接而出现伤害人身、损害设备与电网故障异常情况。

两侧各装设一根接地引下线

图 6-15　接地引下线

七、电流互感器应有局部放电、交流耐压试验报告

（一）差异内容

《十八项反事故措施》第 11.1.1.10 条规定："110（66）~750kV 油浸式电流互感器在出厂试验时，局部放电试验的测量时间延长到 5min"。第 11.1.2.3 条规定："110（66）kV 及以上电压等级的油浸式电流互感器，应逐台进行交流耐压试验"。但部分生产厂家互感器未提供局部放电及交流耐压试验报告。

（二）分析解释

由于互感器在浇注环氧树脂时可能残留小气泡，在搬运过程中又容易因振动和撞击产生微小裂纹。这些微小的气泡和裂纹往往存在于绝缘体的局部，没有形成连通性故障，用交流耐压方式无法检测。在交流高电压作用下，便会产生局部放电，周而复始地形成恶性循环，并伴随着电、热、声、光过程，加速绝缘材料的老化，以致酿成严重的电气事故，破坏系统的正常运行。利用局部放电的方式进行绝缘体局部放电检测，通过获取局部放电量来判断检测部位是否存在着放电现象，从而检验出绝缘体内部的薄弱环节，以保证互感器的运行安全。

交流耐压试验是鉴定电气设备绝缘强度最直接的办法，对于判断电气设备能否投入运行具有重要意义，也是保证设备绝缘水平、避免发生绝缘事故的重要手段。为考核电流互感器的主绝缘强度并检查其局部缺陷，电流互感器必须进行绕组及套管对外壳的交流耐压试验。

交流耐压试验是破坏性试验，在试验之前必须对被试品先进行绝缘电阻、吸收比、泄漏电流、介质损失角及绝缘油等项目的试验。若试验结果正常方能进行交流耐压试验，若发现设备的绝缘情况不良（如受潮和局部缺陷等），通常应先进行处理后再做耐压试验，避免造成不应有的绝缘击穿。电流互感器外施工频耐压试验一般在交接、大修后或必要时进行。部分制造厂虽然进行电流互感器的局部放电、交流耐压试验，但在交接时并未提供相关试验报告，后续无法进行比较。

（三）优化措施

在设计联络会上应予以明确，基建过程中应要求制造厂提供相关试验报告并移交档案部门留存。

八、电流互感器应有一次直流电阻设计值及测试值报告

（一）差异内容

《十八项反事故措施》第11.1.2.9条规定："电流互感器一次直流电阻出厂值和设计值无明显差异，交接时测试值与出厂值也应无明显差异，且相间应无明显差异"。但部分制造厂交接时未提供一次直流电阻设计值，安装时无法进行比较。

（二）分析解释

通过测试电流互感器的一次绕组直流电阻，可以检查电流互感器一次

绕组接头的焊接质量、绕组有无匝间短路以及引线是否接触不良等问题。因此，严格执行电流互感器一次绕组直流电阻测试标准对电流互感器的安全运行具有重要意义。DL/T 596—2005《电力设备预防性试验规程》对电流互感器一、二次绕组直流电阻的要求是：同型号、同规格、同批次电流互感器一、二次绕组的直流电阻值与平均值的差异不宜大于 10%。

（三）优化措施

在设计联络会上应予以明确，基建过程中应要求制造厂提供相关一次直流电阻设计值及测试值报告并移交档案部门留存。